城市不透水面信息提取方法及应用

李　苗　李斌侠　臧淑英　著

科学出版社
北　京

内 容 简 介

本书以黑龙江省省会哈尔滨市为典型案例，以遥感、地理信息系统、自然地理学和计算机等学科为依托，综合运用“3S”技术，对城市不透水面的提取方法以及城市不透水面变化的影响因素进行了分析。同时，本书还选取了典型研究区，进一步研究了城市地表组成对城市地表温度的影响，以期为城市规划和经济发展等提供理论依据。

本书可供生态、城市规划、政策研究等方面的专家和管理人员参考，也可以供高等院校和科研院所有关地理科学、遥感、地理信息系统、生态保护、环境保护以及城市规划等专业的师生及研究人员参考。

图书在版编目（CIP）数据

城市不透水面信息提取方法及应用 / 李苗，李斌侠，臧淑英著. —北京：科学出版社，2020.5

ISBN 978-7-03-064859-4

Ⅰ. ①城… Ⅱ. ①李… ②李… ③臧… Ⅲ. ①城市-不透水层-研究 Ⅳ. ①TV223.4

中国版本图书馆 CIP 数据核字（2020）第 066811 号

责任编辑：孟莹莹 / 责任校对：彭珍珍
责任印制：吴兆东 / 封面设计：无极书装

科学出版社 出版
北京东黄城根北街 16 号
邮政编码：100717
http：//www.sciencep.com

北京中石油彩色印刷有限责任公司 印刷
科学出版社发行 各地新华书店经销
*
2020 年 5 月第 一 版 开本：720×1000 1/16
2021 年 1 月第二次印刷 印张：9 1/4 插页：4
字数：153 000

定价：98.00 元

（如有印装质量问题，我社负责调换）

本书出版受以下项目资助:

黑龙江省自然科学基金青年项目“基于 S-LSMA 模型的城市不透水面信息提取及变化驱动力研究”（项目编号:QC2016050）

国家自然科学基金面上项目“运用遥感技术提取城市不透水表面的机理研究”（项目编号：41171322）

前　言

近年来，随着经济的发展，中国乃至全世界的城市化程度都越来越高，城市化与全球变化正成为21世纪科学界、政治界以及社会公众关注的焦点。城市空间扩展是城市化的基本特征之一，也是影响城市自然生态系统的重要因素。城市空间扩展不可避免地造成地表覆盖变化，其特征为自然覆盖向人工覆盖迅速转化。精确的城市土地覆盖时空动态信息是揭示城市化对区域生态系统演变影响机制的必要条件。在对城市空间扩展的研究中，大多数研究一般是采用土地利用与土地覆盖类型数据。然而城市空间扩展导致的地表覆盖变化一般表现为渐变特征，土地利用类型数据无法有效辨识同一土地覆盖类型内部的异质性特征。城市不透水面信息能够相对准确地反映城市地表信息，被广泛地用在城市化进程监测、城市生态环境评价、城市土地覆盖动态监测、城市水文模拟、城市热岛效应、区域气候变化等方面的研究中，因而提取城市不透水面信息已经成了当前研究的热点方向之一。城市不透水面通过改变城市下垫面结构，引起地表反射率、比辐射率、地表粗糙度等的变化，对区域垂直方向辐射平衡产生直接影响，加剧了地表显热通量和城市热岛强度，改变了区域气候，影响了城市生态服务功能，特别是热调节功能。同时，城市不透水面具有蓄水能力差以及阻碍气流传输等特点，严重影响了城市的地表水文循环、城市径流污染及生物多样性等生态环境要素，是城市生态环境变化的重要原因。因此，城市不透水面动态变化的研究更具有科学意义和实践价值。

哈尔滨市作为黑龙江省的省会和我国东北北部经济、政治、文化中心和交通枢纽，近年来城市化程度明显增高，因此本书选择哈尔滨市为典型研究区。本书在对城市不透水面信息提取方法深入研究的基础上，提出影像分割的混合像元分解方法。选择哈尔滨市城乡结合部和中心城区为研究对象，对哈尔滨市城乡结合部和中心城区的不透水面时空变化情况进行研究，并对哈尔滨市中心城区的城市热岛情况进行研究，以期为哈尔滨市的城市规划等相关政策提供理论依据。本书选取中心城区和城乡结合部这两个特殊研究区域，进一步完善土地利用研究的空间体系和理论，这对该区域土地利用结构朝着可持续的方向发展具有重要意义。

全书共6章，包括绪论、城市不透水面相关研究的热点、城市不透水面提取方法研究、城市不透水面时空变化分析、城市不透水面变化影响因素分析、城市地表组成对地表温度的影响。

本书由黑龙江省自然科学基金青年项目“基于S-LSMA模型的城市不透水面信息提取及变化驱动力研究”（项目编号：QC2016050）和国家自然科学基金面上项目“运用遥感技术提取城市不透水表面的机理研究”（项目编号：41171322）联合资助。感谢前辈、导师、同行、同事、课题组成员的辛勤劳动和工作。全书由臧淑英教授和吴长山教授策划、组织，由哈尔滨师范大学地理科学学院教师臧淑英、李苗及延安市实验中学教师李斌侠执笔，硕士研究生田旸、郭殿繁、满浩然参与了本书部分制图工作，硕士研究生郑雅昕、刘玉琴、廖文悦和尹涵参与了本书的整理等工作，在此一并表示衷心感谢。

由于作者水平有限，加上遥感技术研究的快速发展，书中难免有不足之处，恳请各位专家、学者和广大读者批评指正，以求不断改进与完善。

李　苗

2020年1月于哈尔滨

目　录

1 绪　论

近年来随着经济的发展，中国乃至全世界的城市化程度都越来越高。城市化在促进经济效益以及改善人们生活水平的同时，也带来了很多负面的影响。在城市化的进程中，大量的农田、森林、草地和湿地转变为城市用地，城市不透水面（urban impervious surface，UIS）增多，使地表的物理特征（如反射率、土壤含水量、地表粗糙度）和生物化学的循环过程发生了改变，从而对区域气候、水文、生态等自然环境产生了重要的影响，如使城市温度升高、地面径流加快、碳吸收减少、水体污染加重以及生态环境退化（Weng et al.，2007，2006；Milesi et al.，2003；Lohani et al.，2002；Arnold and Gibbons，1996；Schueler，1994）。同时，城市化也带来了诸多社会问题，人口增长和城市扩展增加了交通事故的发生概率，导致了交通拥堵，并因此排放了大量的一氧化碳、二氧化氮等有害气体，城市化成为城市空气污染的主要原因。另外，由于建城区面积的扩大，人们需要花费更多的时间在上下班途中（Wang et al.，2003）。因此，分析城市化程度、监测城市化进程已经成了非常重要的研究课题。在城市化进程的研究中，土地利用与土地覆盖类型数据通常被用来量化城市面积以及监测城市发展变化。

随着遥感技术的发展，遥感影像分类已经成了地物信息提取的重要手段，而且地物信息提取精度的高低直接影响城市化等方面的研究。最初的城市土地利用信息的提取是通过对遥感影像的目视判读来实现的，也就是专业人员结合理论知识及自身的经验，直接判读影像或者通过地形、形状、纹理等相关辅助数据在遥感影像上获取目标地物信息。目视判读的地物信息提取精度较高，但是由于目视解译完全依赖于人工，对分类人员的专业要求较高，并且花费时间较长，分类结果易受判读人员主观随意性的影响，很难适用于大规模的、需要快速获取分类结果的信息提取。随着科技的进步，遥感技术和计算机技术也得到了发展，从20世纪70年代起，计算机自动分类就已经逐渐代替人工分类，成了地物信息提取的主要方法。其中，监督分类和非监督分类方法是常用的地物信息提取方法。这两种分类方法都是以像元的光谱信息为依据进行地物信息提取的，它们很少考虑类别内部的纹理结构以及相邻像元之间的关联性，对于中分辨率和低分辨率的遥感影像的分类效果较好。然而像QuickBird、IKONOS、SPOT5等空间分辨率较高的影像，其几何结构和空间纹理信息都更加明显，但是这些影像的光谱分辨率并不高，所以仅仅依靠光谱特征进行地物信息的提取，必然会造成提取精度的降低，而且这两种方法都是基于像元的分类方法。基于像元的分类方法作为一种经典的、传统的分类方法，它假设每个像元中只有一种土地覆盖类型（Fisher，1997）。但是事实上，这种假设对于中、低分辨率的影像是不成立的，所以基于像元的硬分类就在一定程度上降低了分类精度。相比之下，基于亚像元的软分类的分类精度就高得多（Lu and Weng，2007；Shanmugam et al.，2006；Pu et al.，2003；Woodcock and Gopal，2000；Foody，1999；Zhang and Foody，1998）。事实上，城市地物也是复杂多样的，如城市不透水面包括低反照率的沥青表面、中反照率的水泥材料、高反照率的金属、玻璃等材料。特定的城市不透水面与土壤、阴影、水体等存在非常相似的光谱特征，因此，仅仅运用多光谱数据很难区分开来。城市地物的立体性，即城市地物有着显著的高度差别，因而增加了阴影在城市影像中的比例，影响了地物信息提取的精度。这些问题在传统的地物信息提取方法中并未得到很好的解决。因此本书在原有的分类方法的基础上，提出了基于影像分割的城市不透水面提取方法，提高城市不透水面的提取精度，为城市扩展相关研究奠定基础。

城市化比较明显的表现：一方面是城市中心城区的城市不透水面不断增多，另一方面是城乡结合部向四周不断蔓延，而这两个区域又有各自不同的特点和问题。对一个城市而言，政治、经济、文化、交通运输中心多集中于中心城区。随着城市的快速发展，中心城区的人口高度集中，商业区等也比较密集，大量的人口和商业活动给城市的中心城区带来了一系列的问题。中心城区建筑过密，又有过多的购物场所和办公大厦，导致停车设施严重不足且供应不平衡。中心城区的城市不透水面比较密集，改变了地表径流和热环境，出现了热岛效应。城乡结合部自然、社会、生态特征独特，是土地利用问题较活跃、较复杂的区域之一（朱国峰，2009；左玉强，2003）。近些年来，由于规划管理不到位，乱盖乱建、土地浪费现象极其普遍，城乡结合部区域内的建筑密度较高，容积率低，土地集约利用程度低，人地矛盾尤其突出，生态环境恶化、人口流动大、治安不稳定等一直是城乡结合部常见的问题。虽然哈尔滨市城乡结合部也存在一定问题，但是针对城乡结合部的研究并不多。魏东辉等（2006）对哈尔滨市城乡结合部生态环境改造问题及对策进行了研究，指出生态规划不到位、环保立法及管理不到位、农民对土地过分索取、基础设施落后以及垃圾处理能力弱是造成哈尔滨市城乡结合部生态环境问题的根本原因。宋戈等（2006）指出哈尔滨市城乡结合部存在耕地保护与建设用地扩展之间的矛盾；各种土地利用类型相互转移，土地结构不稳定；土地利用率较低、土地使用不充分以及土地结构混乱等问题。针对哈尔滨市城乡结合部的种种问题，哈尔滨市 2012 年 5 月 9 日出台《哈尔滨市 2012 年城乡结合部环境综合整治实施方案》。政府已经开始重视哈尔滨市城乡结合部的整治与规划工作，而土地管理工作的重点和难点部分也正是城乡结合部区域。

近年来随着城市化进程速度的加快，城市聚集大量人口和产业作为地表热源，显著改变了城市能量平衡，随之而来的是城市热环境的变化。城市地表热岛效应（urban landsurface heat island，ULHI）是城市热环境特征的直观反映，热岛环流增加了城市暴雨灾害和城市逆温层持续时间，阻滞了污染物扩散，导致城市环境质量下降，因此，近年来城市地表热岛效应已成为国内外学者的研究热点（徐涵秋，2011；Weng at al.，2006）。Ridd（1995）的城市生态环境组成模型——植被-不透水面-土壤模型，简称 V-I-S 模型，为定性定量研究城市地表组成与城市地表热岛效应提供了理论基础。因此，研究者多是基于某一种城市地表组成（植被、不透水面、水体等）与地表温度（land surface temperature，LST）之间的关系来对城市地表热环境进行研究，但是下垫面的空间异质性导致地表温度出现较大差异，单一的地表组成并不能充分反映城市地表热环境特点，其中不透水面作为城市典型地表组成出现，改变了城市大气环流的下垫面条件，导致地表温度上升，产生城市地表热岛效应；植被、典型水域景观等表现出冷岛效应；土壤因为干湿程度不一，对地表温度的影响也不同，干土与不透水面等一致表现为增温效应，湿土呈现降温作用。因此，研究城市典型地表组成对地表温度的综合影响显得尤为重要（刘东等，2013；胡道生等，2012；彭文甫等，2010；韩春峰等，2010）。而目前将不透水面、植被、水体和土壤等地表组成综合起来分析与地表温度关系的研究较少，且不透水面、植被、水体等作为城市典型地表组成，与其他城市景观一致，其空间位置及其空间邻接关系影响城市地表热环境，尤其中心城区不透水面比例相对较高，为中、高密度不透水面分布区，不透水面过度集中，城市不透水面等景观空间结构不合理，导致中心城区地表温度过高，出现城市地表热岛效应（岳文泽等，2006）。

对地表组成与地表温度进行分析时，地表组成信息获取多以土地利用数据为主，离散型的土地利用数据并不能体现城市地表组成的空间异质性。对于以遥感指数获取的地表组成信息，因为存在阈值处理和地区差异，很难对每个区域都适合；而基于线性光谱分解方法获取的地表组成信息，以 0～1 的连续型数据表示，可以在地表组成的景观格局研究中，强调其景观格局的空间异质性研究。由于景观格局空间异质性的存在，对于空间连续型景观因素，如城市植被盖度、地表温度、不透水面、土壤水分、聚集度等空间特征无法用传统的统计分析方法来表达，空间统计学可描述连续型景观变量在空间上的分布特征，如随机、聚集或分散分布，确定景观空间格局特征。

2

城市不透水面相关研究的热点

2.1 城市不透水面提取方法的研究进展

城市不透水面，包括房屋屋顶、停车场、道路等，可以通过数字化的方法在航片或测绘地图上提取出来。尽管数字化方法的精度相对较高，但这些方法需要花费大量的人力、物力，因而不能被广泛采用。遥感技术，特别是近年来发展的高分辨率遥感技术，为城市不透水面的提取提供了科学的理论支持。迄今为止，科学家们提出了很多基于多光谱卫星遥感影像的不透水面的自动提取方法，并被应用在各个国家的城市研究中。当前主要的城市不透水面提取模型包括混合像元分解模型、决策树模型、人工神经元网络模型、线性回归模型等。

1. 混合像元分解模型

混合像元分解模型用于计算单个像元中各种土地覆盖的面积比例，它假设一个混合像元的光谱特征是各个纯像元的光谱特征以及它们所占像元的面积比例的乘积。混合像元分解模型已经被成功地应用于提取不透水面分布信息的研究中。Phinn 等（2002）发展了有条件的混合像元分解模型来估算不透水面的分布。Wu 和 Murray（2003）提出了利用 4 种纯光谱端元，即低反照率物质（如沥青路面）、高反照率物质（如水泥、玻璃等）、植被和土壤，进行不透水面信息的估算，并且证明了不透水面的光谱特征几乎与低反照率物质和高反照率物质的光谱特征呈线性相关，而与植被和土壤的光谱特征无关。因此，某一像元的城市不透水面的比例可以通过对低反照率物质和高反照率物质的比例进行求和来计算。在此基础上，Wu（2004）研究了纯光谱端元的光谱特征的内在差异，提出了归一化的混合像元分解模型，并且将其应用到高分辨率遥感影像 IKONOS 数据中。这一方法获得了令人满意的估算精度，因而被广泛地应用于不透水面估算的研究中。

2. 决策树模型

除了混合像元分解模型，决策树模型也被广泛地应用于提取城市不透水面信息的研究中。类似于回归模型，决策树模型通过建立因变量（如不透水面信息）与自变量（如遥感影像某一波段的反射率）的相关关系来对不透水面分布进行估算。然而，决策树模型比回归模型更加复杂，它根据自变量和因变量之间的相关关系持续地将数据分成子类，并且根据规则生长出一个分类树，使属于同一树干的数据具有很高的相似度，而分属于不同树干的数据具有很大的差异性（Breiman et al.，1984）。研究表明，在很多应用中，决策树模型的预测精度与传统的回归模型相比有显著的提高（Huang and Townshend，2003）。Yang 等（2003a，2003b）汇报了运用决策树模型从 Landsat TM 数据中提取城市不透水面的研究结果。由于决策树模型拥有非线性学习能力，而且算法简单容易实现，因而这个模型已经被美国地质调查局（United States Geological Survey，USGS）用来生成 30m 精度的全美国土地利用与土地覆盖数据（national land cover dataset，NLCD）（Xian，2008；Xian et al.，2007；Xian and Crane，2005）。张路等（2010）利用 CART 对城市不透水面进行提取。姜洋（2014）基于最大熵的 SEE5 决策树模型，选择合适的特征组合及阈值形成规则集进行不透水面信息提取，分析浙江省不透水面时空变化特征以及不透水面与地表温度的相关关系。

3. 人工神经元网络模型

除了以上两种广泛应用的模型外，人工神经元网络模型也被应用于提取城市不透水面。Ji 和 Jensen（1999）最早提出了应用亚像元分析和神经元网络模型提取城市不透水面信息，但是他们提取的不透水面比例不是连续的。Pu 等（2008）应用人工神经网络模型提取了基于 ASTER 影像的城市不透水面信息，并且与混合像元分解模型进行了比较研究。Flanagan 和 Civco（2001）提出了一种基于不透水面预测模型的人工神经网络，通过从专题制图仪（thematic mapper，TM）影像反射率光谱值中获取训练数据，输出每个像元的不透水面预测值。Hu 和 Weng（2009）对 ASTER 影像的不透水面分别采用基于 SOM 和基于 MLP 神经网络分析研究。Mohapatra 和 Wu（2010）结合了 IKONOS 和 Landsat TM 影像提取了美国威斯康星的城市不透水面信息，并且比较分析了线性回归模型、决策树模型以及人工神经元网络模型的精度。

4. 线性回归模型

线性回归模型通过建立城市不透水面的光谱信息与植被指数的线性相关关系来估算城市不透水面信息。Bauer 等（2008，2004）提出了这一方法，并将其应用于美国明尼苏达州明尼阿波利斯（Minneapolis）市的研究中。这种方法简单易行，因而也得到了广泛关注。肖荣波等（2005）应用多元回归模型提取了北京市不透水面；高志宏等（2010）运用分类回归模型方法对泰安市的不透水面进行变化监测。

在不透水面信息提取时，除了方法的选择以外，端元的选择也是一个关键问题。Ridd（1995）发展了植被-不透水面-土壤模型，这个模型假设每个像元都是由植被、不透水面和土壤组成的。植被-不透水面-土壤模型在城市不透水面信息的提取方面得到了大量的应用（Setiawan et al.，2006；Madhavan et al.，2001；Ward et al.，2000）。Roberts 等（1998）提出了多端元光谱混合分解技术分析了 Santa Monica 多山地区。Rashed 等（2003）利用多端元光谱混合分解模型分析了城市的组成，他们选择了两种端元、三种端元和四种端元共 63 种。结果显示，两种端元和三种端元对不透水面信息的提取要比四种端元的结果好。为了解决端元变化的问题，Zhang 等（2004）提出了一个派生的光谱解混（derivative spectral unmixing，DSU）模型以减少相同地类光谱可变的问题。结果显示，对高光谱数据而言，DSU 模型有很好的效果。Chang 和 Ji（2006）提出了丰度约束线性光谱混合分解（abundance-constrained linear spectral mixture analysis，AC-LSMA）模型，结果显示，考虑权重的光谱混合分解模型要比不加权重的光谱混合分解模型效果好。Lu 和 Weng（2006）指出 V-I-S 模型不适合组分复杂的混合像元。他们认为在进行城市不透水面信息提取时，阴影是一个必须考虑的因素。Tang 等（2007）提出了模糊光谱混合分解模型，与传统的混合光谱分解模型相比，模糊光谱混合分解模型通过训练样本获取了模糊均值，从而提高了分类精度。Franke 等（2009）利用多端元光谱混合分解模型分析了德国波恩的城市不透水面。Yang 等（2010）提出了多元的归一化端元光谱混合分解（pre-screened and normalized multiple endmember spectral mixture analysis，PNMESMA）模型，它是多端元光谱混合分解和归一化光谱混合分解的结合。研究结果表明，这种方法得出的不透水面信息的提取精度要比简单的光谱混合分解模型和归一化光谱混合分解模型高。在这些研究的基础上，Deng 和 Wu（2013a）提出了空间自适应光谱混合分解（spatially adaptive spectral mixture analysis，SASMA）模型自动提取有代表性的端元，对城市不透水面信息进行了提取，取得了很好的效果。Zhang 等（2014）发展了优化知识基础的光谱混合分解（prior-knowledge-based spectral mixture analysis，PKSMA）方法，把城市分成高密度区和低密度区，假设在高密度区像元的组成只包括不透水面和植被，所以采用高反照率-低反照率-植被模型，在低密度区采用高反照率-低反照率-植被-土壤模型。Zhang 等（2014）认为优化知识基础的光谱混合分解是一个基于物理原理的选择端元的方法，结果证明此方法可以提高不透水面提取的精度。

在对土地利用与土地覆盖变化的影响因素分析基础上，通过利用遥感对地观测技术，揭示其空间变化规律，分析引起变化的驱动力，建立区域土地利用变化驱动力模型，已成为当前国际上开展土地利用与土地覆盖变化研究的最新动向（唐华俊和陈佑启，2004）。近年来，国内外对于土地利用与土地覆盖变化驱动力的研究也取得了一定的进展。国外所开展的土地利用与土地覆盖变化驱动力研究，主要是在全球和区域两个层次下进行的。在全球尺度上，多侧重于对热带雨林、牧草地、农业用地、城市用地等土地利用类型的变化原因分析以及人口、政策等因子对全球土地利用与土地覆盖变化驱动因子的研究。随着研究的深入，有研究者提出应注重理论和方法的创新。由于尺度的复杂性，目前驱动力研究的重点已发生了“从全球到区域”的转变，以期通过对大量不同区域、不同尺度下案例的分析与比较，探讨土地利用与土地覆盖变化的动力学机制（Scientific Steering Committee and International Project Office of LUCC，1999）。1996 年，“综合的土地利用模拟：驱动问题研究”大型国际研讨会在英国克兰菲尔德大学召开，会议讨论了国际地圈与生物圈计划（International Geosphere-Biosphere Program，IGBP）和全球环境变化人文计划（International Human Dimensions Programme，IHDP）在土地利用和土地覆盖变化领域的研究进展，对整个欧洲在其历史时期土地利用与土地覆盖变化及其驱动力的研究现状和差距进行探讨（徐振君，2005）。Riebsame 等（1994）在研究美国大平原地区农业过程中建立包括人类环境中的驱动力、自然环境中的驱动力、土地利用决策过程和生态过程四个方面的土地利用与土地覆盖变化的驱动模型。McNeill 等（1994）将土地利用和土地覆盖变化的原因划分为政治的、经济的、人口的和环境的四个方面。Turner 等（1995）提出人类驱动力因素应包括人口因子、政治因子、经济因子和文化因子几个方面。龚道溢等（2001）对无锡市马山区城市边缘区土地利用变化及人文驱动因子进行了研究，认为以旅游为主的第三产业的发展、外资大量融入、农副产品价格的波动和城镇人口的增长是该区土地利用变化的驱动力。朱会义等（2001）对环渤海地区土地利用变化的驱动力进行了分析，他们得出的结论是土地管理政策、人均居住用地的增长、农业生产结构调整以及城市扩展是该区土地利用变化的主要驱动因素。王静爱等（2002）对北京城乡过渡区土地利用变化驱动力进行了分析，他们认为土地利用与土地覆盖变化受到了不同层次、多种驱动力的综合作用，人类活动从整体上改变着城乡过渡区的景观特征，政策体制转变下的经济高速增长和快速的城市化过程是北京城乡过渡区土地利用与土地覆盖变化的根本原因。人类个体的行为选择，尤其是就业和消费选择也在一定程度上对北京城乡过渡区的土地利用与土地覆盖变化起着一定的作用。徐勇等（2005）对北京丰台区土地利用变化的经济驱动力进行了分析。研究结果显示，固定资产投资、人口增长和第二产业的发展对非农业用地的扩展有着显著作用。在众多学者研究土地驱动力的同时，蔺卿等（2005）对土地利用与土地覆盖变化驱动力模型进行了综述，他们认为对基于经验的统计模型而言，基于过程的动态模型更适于研究土地利用系统，基于经验的统计模型又能弥补基于过程的动态模型的不足。宋开山等（2008）对 1954 年来三江平原土地利用变化的驱动力进行分析，他们认为国家宏观政策与市场对土地利用格局变化起着不可忽视的作用。刘纪远等（2010）对 21 世纪初我国土地利用变化空间格局和驱动力进行了分析，他们认为这一时间段国土开发和“西部大开发”“东北振兴”等区域发展战略的实施、快速的经济发展是该阶段土地利用变化格局形成的主要驱动因素。蔡运龙（2001）指出，土地利用变化不能简单地沿袭传统土地利用研究的思路和方法，需要不断提出新的研究论题，对土地利用变化驱动力必须有一种普遍的、综合的认识；需要将多个案例研究联结为一个可代表区域空间异质性的网络；需要进行多空间尺度的研究，从而将地方尺度和区域尺度的土地覆盖动态联系起来；需要发展新的研究方法，并将从农户调查到遥感数据的各种信息综合起来；尤其需要形成关于土地利用变化的综合科学理论框架。

2.2 城市地表组成与地表温度的研究进展

城市化和经济迅速发展的同时，居住用地、工业用地、交通用地等建设用地面积比例不断增多，大量的自然地表被不透水面等高温的城市地表代替，使城市下垫面性质发生了改变，造成地表温度的差异。从景观角度看，城市地表物质组成是植被、土壤、水体等自然景观类型逐渐被取而代之，以带有明显人工痕迹的绿地、公园、人工湿地以及沥青、水泥、玻璃、金属等不透水材料组成的景观类型为主。城市的这种改变，带来了一系列的自然、社会、经济等方面的生态环境问题，形成了一种特殊的生态系统，即城市生态系统。城市生态系统受人类活动影响剧烈，包括大量不同属性特征的异质性材料和复杂而又强烈的相互作用，因此有必要对城市生态系统进行一定程度的抽象研究，从复杂的城市生态系统抽取出典型要素对其进行描述，而围绕这些要素可以对城市生态系统建立一个系统的模型。城市内部、城市间以及城市外围环境（城乡结合部）三个空间尺度的大量对比研究表明，不透水面、植被、水体以及土壤的组合是城市生态系统中最基本的组成成分，这四种物质的差异性对城市复杂的地表能量平衡和热环境的动态变化与分布具有显著影响（姜洋，2014）。研究发现，感热和潜热的差别及辐射温度是地表土壤湿度和植被盖度的响应函数，在植被盖度较高的区域潜热交换更大，而感热交换往往出现在植被较少的地方，比如建成区内。进一步研究发现，单纯用植被指数来表征地表温度已经明显不足，而且下垫面复杂，异质性更高，尤其是城乡结合部等的景观中，只用植被研究有很大片面性。城市区域地表组成多为由水泥、沥青、金属、玻璃等材质构成的不透水面，地表温度相对较高，而以土壤、植被、水体为组成成分的区域温度相对较低；人工湖泊、湿地、河流、城市公园、绿地、森林等表现为冷岛效应。植被指数信息易受季节和生长周期的影响，基础设施在一定时间内比较稳定，如不透水面、建筑物、人行道等。一些学者研究不透水面与地表温度的关系，发现不透水面与地表温度呈正相关，区域的差异性导致两者关系有线性的关系和非线性（指数）的关系，因此可用不透水面表征地表温度的变化。同时，典型水域景观是城市中重要的生态环境之一，水体具有较大的热惯性和比热容量值、较低的热传导和热辐射率，使城市水域景观表现为冷岛效应，同时据其面积大小以及区位分布，不同程度地影响了局地环境温度。

研究分析结果显示，可以利用植被与地表温度的关系来构建模型，以获得更高分辨率的地表温度数据。Gallo 等（1993）用植被指数监测城市热岛效应在城乡气温差异的作用。结果表明，植被和城乡气温之间存在较明显的线性负相关关系。Wu 和 Murray（2003）的研究结果表明城市不透水面可以看作是高反照率和低反照率地物之和，高反照率地物和低反照率地物热力特征不同。Xian 和 Crane（2005）研究了坦帕湾流域和拉斯维加斯城市热环境特征。结果表明，不透水面盖度越大，地表温度越高。Xian 和 Crane（2006）研究了归一化不透水面指数（normalized differential impervious surface index，NDISI）与地面辐射亮温强度及空间分布的关系，指出归一化不透水面指数显著影响城市热环境状况。Hardin 和 Jensen（2007）应用叶面积指数（leaf area index，LAI）和 ASTER 热红外影像，研究城市热岛与植被盖度的关系，结果显示叶面积指数每提升一个单位，温度降低 1.2℃。Chen 等（2006）利用归一化植被指数（normalized differential vegetation index，NDVI）、归一化水体指数（normalized differential water index，NDWI）和归一化裸土指数（normalized differential bareness index，NDBI）研究了城市热岛效应和土地利用与土地覆盖变化的关系。Yuan 和 Bauer（2007）通过 Landsat 影像研究归一化植被指数与不透水面对城市热岛效应的不同作用，比较植被与不透水面对热岛效应的影响程度。研究结果发现，不透水面与地表温度有线性关系，且这种关系随季节变化几乎很小，而地表温度与植被指数的关系随季节变化较大。上述研究多数应用城市环境遥感指数进行地表组成的提取，而在城市市区及其郊区环境中，不透水面、植被等的空间分布和百分比的定量研究对于研究城市热岛效应有很重要的作用。Weng 和 Lu（2008）研究不透水面、植被对地表温度的影响，结果显示，地表温度和不透水面呈正相关关系，即不透水面盖度越大，地表温度就越高。Myint 等（2010）应用多端元光谱混合分解（multiple endmember spectral mixture analysis，MESMA）技术获取 Phoenix 市区不透水面和植被盖度，研究不同空间尺度下不透水面、植被所占百分比对大气温度的影响。Imhoff 等（2010）利用 2003～2005 年基于 TM 影像的不透水面与基于 MODIS 影像的地表温度，对美国大陆人口密集的 38 个城市进行空间分析，评估了城市热岛强度及其与城市开发强度和城市规模大小、城市生态环境的关系。Kloka 等（2012）在研究城市热岛效应过程中，发现不透水面盖度高、低反照率地物集中的地区往往是城市地表热岛效应最严重的区域。Deng 和 Wu（2013b）基于光谱分解热混合模型估算城市地表温度时，发现暗不透水面、亮不透水面的地表热环境不同，暗不透水面的温度要比亮不透水面的地表温度高。

钱乐祥和崔海山（2008）以 NDWI 评估其与地表温度关系的适用性，比较 NDWI 和 NDVI 在城市热岛效应的作用机制。徐涵秋（2009）利用 NDISI 研究不透水面与相关城市生态要素间的关系，指出不透水面与地表温度呈指数函数关系，而非简单的线性关系。周东颖等（2011）利用哈尔滨市 Landsat TM 数据，依据哈尔滨市地表温度的反演结果，将城市公园对热岛效应的影响进行了分析。张利等（2012）分析了道路系统与城市热岛的关系。王刚和管东生（2012）研究结果表明，植被覆盖度、归一化湿度指数（normalized difference moisture index，NDMI）与地表温度有较强的线性负相关关系，且不同植被盖度、NDMI 与地表温度相关性有差异。唐菲和徐涵秋（2013）利用线性光谱分解法提取 6 大城市不透水面，以多种回归模型研究不透水面与地表温度的关系。结果表明，两者呈正相关关系且以指数函数为最佳拟合模型。岳文泽和徐丽华（2013）以上海市中心城区为例，基于 SPOT5 影像提取城市水域景观并定量反演城市地表温度，探讨水域景观对城市热岛效应的影响，结果表明水域景观在城市热环境中表现出显著的低温效应。江丽莎（2014）研究喀斯特城市地表温度与植被指数的相关性，分析各自相关程度，寻找相关性最高的植被指数作为评价喀斯特城市植被覆盖状况对地表温度影响的指标。郭冠华等（2015）以广州市中心城区为例，利用面向对象的方法研究城市热岛和冷岛的分布，以重心转移模型研究其季相变化特征，并进一步通过回归树模型建立不透水面与地表温度的关系，以此研究城市热环境随季节变化规律。

城市地表组成及热环境有着明显的空间异质性特征，城市热岛效应与地表组成有密切关系，上述研究结果表明，城市地表组成显著影响地表温度，进而改变了城市热环境特征，而相同盖度下，地表组成的空间布局、分布（空间聚集度和蔓延度）不同，其热状况也不同。Xin 等（2010）研究结果表明，景观格局改变是导致城市热岛效应的主要原因之一。城市景观作为城市生态环境研究的重要内容，其空间位置及其空间邻接关系影响城市热环境，在城市景观从近自然状态向人工景观转变的城市化过程中，尤其是中心城区各要素过度集聚、城市空间结构配置不合理，导致城区地表温度过高，出现城市热岛效应。研究者从人-地系统相互作用的角度出发，依据格局-过程-机制的研究范式，综合定量遥感方法和地理信息系统的空间分析方法，开展城市化过程中的景观格局及其演变特征分析，探讨格局变化下热量流的空间特征和内在机制，即城市景观格局的热环境效应，深入分析城市景观格局的变化与城市热环境效应的关系，并进一步探讨各种生态环境要素间及其与城市景观格局之间的作用机制，寻求城市内部人地关系的协调与均衡发展，从而最大限度地减少人类活动对城市生态环境的负面影响。也有学者通过一系列景观格局指数和空间统计方法对城市景观格局特征进行研究，前者主要用于空间上非连续型数据，而后者主要用于空间上的连续型数据。景观格局是指不同景观要素的数量、规模、形状和空间分布模式，其中景观格局研究方法主要包括景观格局指数分析法、景观格局分析模型法和景观动态格局模型法。景观格局指数分析法的指数是指能高度浓缩景观格局信息、反映其结构组成和空间配置特征的较简单指标。景观格局指数有斑块水平指数、斑块类型水平指数、景观水平指数，可以从不同层次上研究景观的空间特征。景观格局分析模型法常用的景观指数有斑块形状、丰富度、多样性、优势度、均匀度、形状、聚集度和分维数等。景观格局分析模型法的理论基础是空间统计学原理，主要包括空间自相关分析、半方差分析、趋势面分析等。景观动态格局模型法主要是描述景观格局和过程的年际动态变化。现已有通过景观格局指数的计算，分析景观的空间分布特征，并以此分析其与城市热岛效应关系的研究。采用景观格局指数对城市景观格局变化进行定量研究，可以分析城市空间格局演变规律，但无法对城市内局部地区的格局变化进行分析，不适用于连续型景观数据的格局分析，不能全面反映每类地表组成的聚集或分散形式。基于地统计学方法的空间自相关、半方差函数（semi-variogram）等，通过数据的空间梯度分析，对连续型地表植被覆盖格局分析适用性较好。空间自相关方法能检验空间数据在不同空间位置上的联系，或者空间数据的相关性，其度量方法有全局自相关指数、吉尔里 C 数（Geary C）、共邻边统计量等方法。半方差函数也称为半变异函数，是地统计学中分析变异性的关键函数，半方差函数的理论模型有线性、球状、指数、高斯模型，各模型反映了此函数中的空间相关部分。

Okwen 等（2011）基于景观格局指数的矩阵计算，发现景观大小、形状、破碎度对地表温度有影响。如在植被盖度相当的情况下，大斑块绿地的降温作用较明显且绿地斑块形状也影响城市地表温度。Li 等（2011）研究了上海市景观格局对城市地表热岛效应的影响，发现城市植被有利于缓解城市地表热岛效应，且夏季比春季效果更明显。Fan 和 Myint（2014）基于 Getis-Ord Gi 指数研究植被空间分布对大气温度的影响。Zheng 等（2014）研究了人工地表组成的空间分布对城市地表热环境的影响，发现铺砌路面的聚集或分散格局对地表温度有显著影响，研究结果显示，铺砌地表的聚集度越高，其地表升温越快，并且控制其他地表组成比例，研究不同覆盖度下铺砌路面的空间格局与地表温度的关系，铺砌路面大于 50%时，其热岛效应比较明显。

岳文泽等（2006）基于一定空间范围内的景观格局多样性指数，研究了土地利用格局对地表温度的影响。徐丽华和岳文泽（2008）利用空间分析方法，研究城市公园景观的地表热环境效应，结果显示，公园景观斑块面积、周长与温度呈负相关关系，形状指数与温度呈正相关关系，形状越复杂其对地表热环境影响力也越大。岳文泽和徐建华（2008）在不同景观格局下对归一化植被指数、不透水面和人口分布与地表热环境的关系进行研究，发现在街镇单元上，不透水面覆盖度与地表温度的相关性较高。戴晓燕等（2009）利用 Landsat 7 ETM +影像，研究上海城市地表热环境形成机制，结果表明，各驱动因子在空间上的不同组合方式影响城市地表热岛效应的演变规律。刘艳红等（2012）利用计算流体动力学（computational fluid dynamics，CFD）数值模拟方法对绿地空间格局的地表热环境进行分析，结果表明，绿地水平格局中，楔状格局降温效应最好，点状格局相对弱些，环状格局最弱。聂芹（2013）将上海市不透水面划分为七个等级，并计算各等级的景观指数，发现不透水面比例大于80%的斑块面积最大，不透水面的空间分布规律和研究区地表温度的空间分布规律相似。冯悦怡等（2014）研究城市公园景观空间结构对地表热环境的影响，通过林地、草地、水体、建筑等集聚度对城市公园内部空间布局与内部温度及其对周边降温的影响范围和降温幅度进行研究。钱敏蕾等（2015）采用了气温植被指数空间法分析城市化进程中生态环境格局现状及其演变对城市地表热环境的响应。徐双等（2016）基于移动窗口和梯度分析结合的方法，在景观尺度上阐述不同城市景观类型和空间格局与地表温度空间差异的关系。

3 城市不透水面提取方法研究

3.1 典型研究区概况

哈尔滨市位于东北亚中心位置、中国东北部、黑龙江省中南部，地处松花江中游、小兴安岭和张广才岭间，地理坐标为东经 125°42′～130°10′、北纬 44°04′～46°40′，总面积为 5.31 万 km^2，年平均气温 3.4℃，年平均蒸发量 1326 mm，年平均无霜期 130 d，年平均降水量 569 mm。哈尔滨市作为黑龙江省的省会和我国东北部经济、政治、文化中心和交通枢纽，逐渐发展成为我国副省级城市中面积最大的综合性城市（黄辉玲和吴次芳，2009；宋戈和高楠，2008）。

1996 年原哈尔滨市与松花江地区合并为新的哈尔滨市，市辖 7 区 12 县（市）。2004 年哈尔滨市调整成为 8 个区（道里区、道外区、南岗区、香坊区、动力区、平房区、松北区和呼兰区）和 11 个县（市），有宾县、巴彦、依兰、延寿、木兰、通河、方正 7 个县和五常、双城、阿城、尚志 4 个县级市（王兰霞等，2009；哈尔滨统计年鉴，2006）。2006 年哈尔滨市辖区撤销动力区，阿城县级市变更为市区，哈尔滨市规划为 8 区 10 县（市）。2015 年哈尔滨市县级市双城市设立为双城区，至此哈尔滨市有 9 区 9 县（市）。哈尔滨市因其特殊历史进程与地理位置，不但是中国历史文化名城和著名旅游城市，有“共和国长子”“冰城”“天鹅项下的珍珠”美称，而且哈尔滨市的建筑风格别具一格，诸多欧式建筑分布市区，集合北方少数民族历史文化且融合欧洲文化，具有异国情调，故有“东方莫斯科”“东方小巴黎”之美誉。

哈尔滨市地质构造属“松辽坳陷”，地势北、南、东高，向西倾斜，海拔在

84～1668 m，地貌类型复杂多样，有平原山地和丘陵地带，张广才岭、完达山山脉和小兴安岭余脉等山地，主要分布在东、西部，多为中心区和低山区。丘陵漫岗地主要分布在松花江一级台地的部分低洼地，大部分小丘陵漫岗地分布在东南部、东北部、张广才岭余脉和松嫩平原过渡地带，部分谷地散布其间。河流冲击低平原主要分布在中部和西部，由松花江、呼兰河、阿什河等及其支流冲击而成。东南临张广才岭支脉丘陵，北部为小兴安岭山区，中部流经松花江，地势不高，河流纵横，平原辽阔，市区主要分布在松花江形成的三级阶地上。哈尔滨市境内河流均属于松花江水系和牡丹江水系，其中松花江干流自西向东贯穿哈尔滨市中部，是全市灌溉量最大的河道。

哈尔滨市受地形、气候、生物等自然因素和人为活动影响，土壤类型较多，黑土是分布最广、数量较多的土壤类型。黑土土层较厚，土壤结构良好，有机质（腐殖质）含量高，为农业生产的优良土壤。还有黑钙土、草甸土，黑钙土适于作物栽培而草甸土宜发展渔业、牧业。

哈尔滨市气候类型为中温带大陆性季风气候，夏季短暂而暖湿，有“冰城夏都”之称，冬季漫长寒冷，四季分明，年均降水量 569 mm，降水主要在夏季，占一年降水量的 60%以上。1 月平均气温约-19℃，7 月平均气温约 23℃。3～5 月易发生春季干旱和刮风天气，气温回升较快并且变化多端，升温、降温一次能达 10℃左右。6～8 月炎热湿润多雨，夏季平均降水量占全年降水量最多且较集中，中间有暴雨，容易导致洪涝灾害。9～11 月降雨减少，昼夜温差大。12 月至次年 2 月为寒冷漫长的冬季，气温低，气候干燥，冰雪覆盖大地。区域水资源因地质地貌条件差异，径流深度和径流流量分布不均，水资源自东向西呈递减趋势。

哈尔滨市的生物资源物种丰富。植物种类多，其中藻类植物与苔藓植物居多，分布较集中，经济价值也高。野生动物的种类与数量也较多，以兽类和两栖动物类居多，而且哈尔滨市有珍稀类一类和二类保护鸟类。淡水鱼类资源较丰富，数余种经济鱼类有很好的食用价值。

哈尔滨市旅游资源丰富，有太阳岛风景区、二龙山风景区、亚布力滑雪场、萧红故居、龙塔、金上京历史博物馆等，以及冰灯游园会、冰雪节等旅游文化。

哈尔滨市是黑龙江省经济的发展中心，是工业和第三产业全面发展的城市，同时发展质量效益型农业（宋戈和高楠，2008）。各新兴产业蓬勃加速发展，形成产业链和产业集聚区，高新技术产业发展迅速，一些重大项目建设已经全面启动，服务业形成新的竞争力。哈尔滨市目前已经发展成了以高水平大学、科研院所、先进工厂科技力量为主的研究与开发体系城市。哈尔滨市教育事业基础较深厚，发展速度快，一些高等院校在国内外有很高知名度。近年来，尤其为国防事业和航天航空工业输入大批高素质人才，为我国经济及科技做出极大贡献。教育事业蓬勃有力发展，形成公办、民办相结合，多种渠道、多个门类、多个层次结构的办学机制，致力于我国经济建设和社会发展。哈尔滨市各类制造业、新能源和原材料生产业发展势头良好，作为主要粮食生产基地和我国生态安全区。哈尔滨市有大型物流商贸区，规模比较大且已基本定型，与此同时传统商贸业特色突出。哈尔滨市已有哈尔滨火车站和哈尔滨东、北、西站客货运及高铁站点，众多铁路线纵贯东西南北。高速公路、快速干道等公路运输网四通八达，建成松花江公路大桥、松浦大桥、阳明滩大桥，以及机场高速公路、二环和三环干道等重点项目工程。水运航线可与俄罗斯多港口相通，经水路江海线，船舶等可以直达东亚各国和东南亚地区。哈尔滨太平国际机场开通近百条航线，可与多个城市通航，可以与世界多个国家及地区建立经贸关系。哈尔滨市精神文化建设不断增强，惠民工程全面开展实施，公众文化服务系统建立形成，人民文化生活水平日益丰富多样，诸多文化精神发展为哈尔滨市精神文明建设注入强大动力。人民生活水平显著改善，居民社会保障体系全面扩大，教育、医疗卫生体系齐全，公共服务能力提高，保障性的安居工程全面推进，人民生活居住条件大有改善。近些年来哈尔滨市城市化水平发展迅速，城市建成区面积逐年增加，城市不透水面比例高，大量沥青、水泥路面取代自然地表，城市不透水面空间布局差异显著，使城市蒸散系统及其城市生态环境发生了变化（姜博等，2015；许雪琳和赵天宇，2015）。

本书选取呼兰区、松北区、道外区、香坊区、南岗区、道里区和平房区 7 个区作为研究区（图 3-1）。

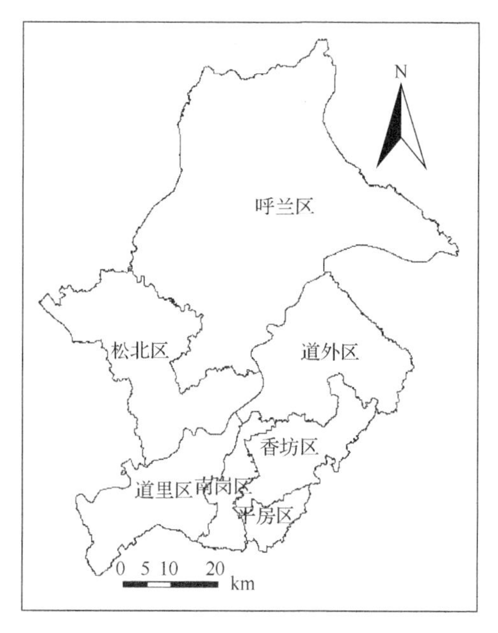

图 3-1 研究区图

3.2 多源数据来源与预处理

本书遥感影像和数字高程数据（digital elevation model，DEM）均来自美国地质调查局网站。所有遥感数据都使用通用横轴墨卡托投影（universal transverse Mercator，UTM）系统和世界大地坐标系统（world geodetic system 84，WGS84）。本书所用的统计数据均来自中国城市统计年鉴和哈尔滨统计年鉴。

Landsat 5 卫星是美国陆地卫星系列（Landsat 卫星）的第五颗卫星，于 1984 年 3 月 1 日发射，它是一颗光学对地观测卫星，有效载荷为专题制图仪和多谱段扫描仪（multi-spectral scanner，MSS）。Landsat 5 卫星于 2013 年正式宣布失效，成功在轨运行 29 年，是目前在轨运行时间最长的光学遥感卫星，成为全球应用最为广泛、成效最为显著的地球资源卫星遥感数据源。Landsat 5 卫星为近极近环形太阳同步轨道，轨道高度为705 km，倾角为98.2°，运行周期为98.9min，24h绕地球约15圈，穿越赤道时间为上午9点45分（±15分钟），扫描带宽度为185 km，重访周期为16天，每景覆盖范围为184 km×185.2 km。Landsat 5 卫星各波段的基本参数如表3-1所示。

表3-1 Landsat 5 卫星各波段基本参数

波段号	波段	频谱范围/μm	空间分辨率/m
B1	Blue	0.45～0.52	30
B2	Green	0.52～0.60	30
B3	Red	0.63～0.69	30
B4	Near IR	0.76～0.90	30
B5	SWIR	1.55～1.75	30
B6	LWIR	10.40～12.5	120
B7	SWIR	2.08～2.35	30

选用1984年9月14日、1993年9月7日、2002年9月16日和2010年9月22日的TM影像数据，四期影像都为9月份。四幅影像中只有2002年的云覆盖率为3%，但是经裁剪后研究区内的云覆盖率为0，影像信息如表3-2所示。在研究中选择了TM影像数据的1、2、3、4、5、7波段，空间分辨率为30 m。

表3-2 影像信息

影像日期	行列号	ID	云覆盖率
1984-09-14	118-028	LT51180281984258HAJ00	0
1993-09-07	118-028	LT51180281993250HAJ01	0
2002-09-16	118-028	LT51180282002259BJC03	3%
2010-09-22	118-028	LT51180282010265MGR01	0

3.2.1 几何校正

在应用遥感技术获取数字影像的过程中，必然受到太阳辐射、大气传输、光电转换等一系列环节的影响。同时，还受到卫星的姿态与轨道、地球的运动与地表形态、传感器的结构与光学特性的影响，从而引起数字遥感影像存在辐射畸变与几何畸变，产生诸如行列不均匀、像元大小与地面大小对应不准确、地物形状不规则变化等畸变时，说明遥感影像发生了几何畸变。遥感影像的总体变形是平移、缩放、旋转、偏扭、弯曲及其他变形综合作用的结果。遥感数据在接收之后与应用之前，必须进行辐射校正与几何校正。系统辐射校正通常由遥感数据接收与分发中心完成，而用户则根据需要进行随机辐射校正与几何校正，特别是遥感影像的几何校正是遥感技术应用过程中必须完成的预处理工作。具体的几何校正步骤如下。

（1）确定地面控制点（ground control point，GCP），即在原始畸变影像空间与标准空间寻找控制点对。控制点应选取影像上容易分辨的特征点，这样容易通过目视方法判读，如飞机场、城市边缘、道路交叉点和河流的分岔处等。如果控制点选取过少会影响校正效果，如河流的拐弯处控制点选取过少就会使影像变形，因此在特征变化大的地区应多选取控制点。而且为了避免外推，在影像边缘一定要选取控制点。控制点的选取应该以配准对象为依据，地图可以作为地面控制点标准，遥感影像也可以作为控制点的标准。

（2）地面控制点确定后，要在影像上分别读出各个控制点的像元坐标（X, Y）及其标准影像上的坐标（X', Y'）。

（3）选择合适的坐标变换函数（即几何校正数学模型），建立影像坐标（X, Y）与其参考坐标（X', Y'）之间的关系，通常应用多项式校正模型。利用地面控制点数据求出模型的未知参数，然后利用此模型对原始影像进行几何精校正。

（4）几何精校正的精度分析，利用几何校正数学模型计算校正后的影像误差。

（5）确定每一点的亮度值。根据输出影像上各像元在输入影像中的位置，对原始影像按一定规则重新采样，进行亮度值的差值计算，建立新的影像矩阵。

本书选择经过精校正的 TM 影像为底图，利用 ERDAS9.2 多项式几何校正模块完成。影像的投影选择 UTM 投影，椭球体选择 WGS84，使采样点定位坐标和遥感影像投影坐标精确匹配（梁顺林，2009；梅安新等，2001；Markham and Barker，1986）。在确定投影参数后进行 GCP 采集，本书选择了 60 个 GCP，总误差控制在 0.5 个像元之内，几何校正效果比较理想（齐信，2010）。

3.2.2 辐射定标

辐射定标是将传感器记录的电压或数字量化值（digital number，DN）转换成绝对辐射亮度值，或者转换成与地表反射率、地表温度等物理量有关的相对值的处理过程（黄海霞，2011；罗强，2011；乔延利等，2006；刘小平等，2005）。本书采用 ENVI 4.7 提供的专门模块 Landsat Calibration 进行辐射定标。

3.3 城市中心城区范围的界定

将城市的中心城区提取出来单独进行研究的并不多，经查阅文献发现关于中心城区的研究多数都是与城市不透水面相结合的。崔开俊和石诗源（2007）对南通市中心区、主城区、过渡区和外围区的土地利用现状与结构进行了分析。他指出南通市城市建设用地中绿地与工业用地的结构不合理，需进一步调整。黄艳妮（2012）以合肥市为研究区，对比夏季和冬季不透水面提取精度，选择精度高的夏季影像提取城市不透水面，研究其不透水面空间动态变化情况。结果显示，2002～2008 年合肥市不透水面明显增加，建成区面积有了较大的提高，高反照率地物的比例增加。潘竟虎等（2009）基于 ETM+影像进行线性光谱分解，提取出兰州市中心城区不透水面状况并分析其空间特征。结果表明，兰州市不透水面分布相对集中。宋成舜和周惠萍（2010）对咸宁市中心城区土地利用情况进行了研究，在对中心城区土地利用现状分析的基础上对土地利用类型进行了预测，并提出了咸宁市中心城区土地利用的对策。邱春辉等（2012）以西宁市中心城区为研究区对其建设用地空间变化及驱动力进行了研究，研究结果表明，人口和经济因素是城市建设用地向外扩展的主要因素，政策因素在城市的发展过程中起着导向作用。胡瀚文等（2013）利用 1989 年、1994 年、2000 年和 2005 年高分辨率遥感数据解译的土地利用数据，分析了快速城市化阶段上海市中心城区城市用地扩展的时空特征。研究结果表明，上海城市用地扩展迅速，城市扩展呈现“摊大饼”式的形态，城市用地扩展存在各向异性。岳文泽和吴次芳（2007）提取并分析了上海市中心城区不透水面分布状况，提取精度令人满意。研究结果表明，上海市不透水面的分布比率较高，通过不透水面空间分布状况可以反映城市空间扩展及城市土地覆盖空间结构差异。孙宇等（2013）基于 IKONOS 多光谱影像，利用面向对象和基于像元方法在地物提取中的优势，自动提取了南京市中心城区不透水面。魏锦宏等（2014）通过线性光谱混合分解模型提取城市不透水面，并且探讨了中心城区不透水面与地表温度两者之间的关系。结果表明，城市不透水面与地表温度空间分布高度相似，地表温度与距城市中心距离有明显的指数相关关系。肖荣波等（2007）基于 TM/ETM+和 QuickBird 遥感影像数据研究北京市中心城区不透水面状况，对比分析回归树和多元回归法的精度，运用回归树亚像元法提取北京市中心城区不透水面，并进行了景观分类及景观格局分析。

结合以上研究，中心城区通常是指经济活动频繁的区域，对周围地区产生较强的经济辐射作用，它们承担组织和协调区域经济活动的任务，进行生产和分工，通过税收、财政、金融等经济手段和人才培训等促进地方经济发展。在研究中，中心城区通常指的是城市外环线以内的区域，本书中把哈尔滨市外环以内的区域作为中心城区。利用中心城区边界对影像进行裁剪，裁剪后的影像如图 3-2 所示。

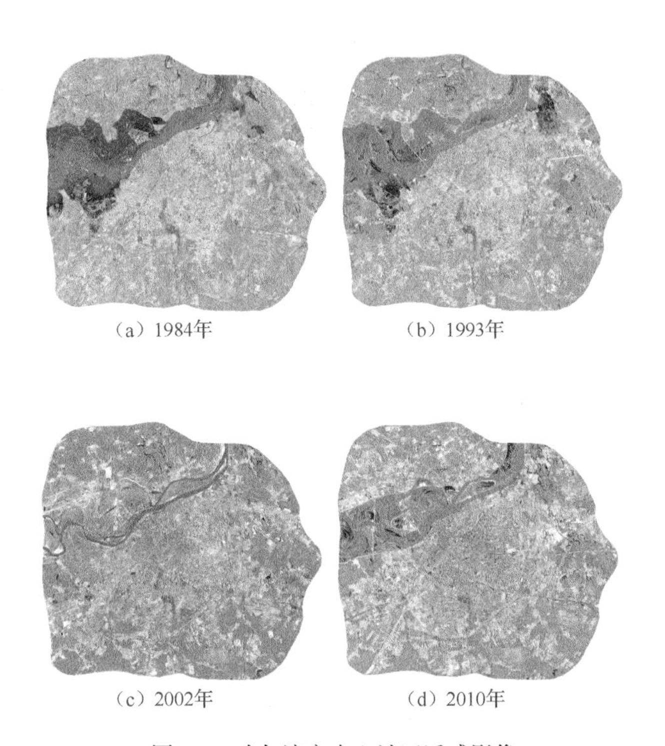

（a）1984年　（b）1993年

（c）2002年　（d）2010年

图 3-2　哈尔滨市中心城区遥感影像

3.4　城乡结合部范围的界定

较早的城市化和工业化，使得西方发达国家的城市与乡村之间形成了过渡地带，西方学者称之为城市边缘区（或城市边缘地带）。郊区城镇化导致外围的农业用地不断地被城市用地所侵占，在城市建成区与乡村相邻接的城市边缘区，乡村景观逐步被城市景观替代。城市边缘区的研究可以追溯到 19 世纪，其中最为经典的理论为竞租理论思想及其在土地利用配置中的应用（申文金，2007）。最早提出城乡之间过渡带概念的是 1936 年德国学者赫伯特・路易斯（Hezber Louis），原处于城市边界的地带被建成区侵吞利用成为市区的一部分，他认为这部分土地利用类型是一种特殊的土地利用类型，根据“断裂点”分析法确定的城乡过渡带的空间范围，后被有关学科的学者不断加以引申和发展（李颖，2012）。Redfield（1941）提出用“城乡结合体”这个概念来统称城市与乡村之间的空间范围（李薇薇，2008）。Andrews（1942）认为城市边缘区的空间范围与城乡过渡带的全部地域不是完全相符合的，因此他提出“乡村-城市边缘带”的概念。Weaver 和 Lawton（2001）将城市边缘区定义为“在已被承认的城市土地与农业土地之间的用地转变区域”。Pryor（1968）将其定义为“一种土地利用和社会人口特征的过渡地带，它位于非农用地和纯农业腹地之间，兼具城市与乡村两方面的特征，人口密度低于中心城区，但高于周围的农村地区”。除了定性的分析与描述，国外学者也开始尝试运用定量的指标来进行城乡结合部的地理空间范围的区划。加拿大地理学家 Bryant（1982）通过运用城市边缘区内非农业人口与农业人口之比来定量地对城市边缘区进行区域划分（王莉霞，2008）。Nelson 和 Pyle 将城市边缘区土地利用变化与土地市场交易相结合，分析土地市场对用地分配的作用机制（孙文文，2008）。John 等（1995）对曼谷、雅加达和圣地亚哥三市城市边缘区的社区进行了比较研究，他们认为不能够单纯只用经济或者严格的空间区划来进行分类，因为城市边缘区形态和功能方面的多样性决定了它是一个社会经济的多面体，所以在城乡发展项目中需要解决的是城市边缘区的问题（唐乐乐，2008）。

相比西方对城乡结合部的研究，我国学术界对城乡结合部的研究起步较晚，而且研究内容比较零散，并没有统一的研究方向。李莉（1989）、蔡云鹏（1990）、范念母（1991）在研究中将该区域称为“城乡结合部”。李莉（1989）对城乡结合部生态经济特点进行深入研究，她认为城乡结合部应注意发挥“以城市为中心、以农村为腹地”的功能，达到边缘效益最优。蔡云鹏（1990）认为城乡结合部的区域性质较为特殊，在全面分析基础上提出了城乡结合部发展战略的初步构想。范念母（1991）对城乡结合部的土地问题进行研究，并为改善问题提出了相应对策。崔功豪和武进（1990）、涂人猛（1991）、王永洁和朱秀丽（1996）、张建明和许学强（1997）在研究中将该区域称为“城市边缘区”或者“城市边缘带”。崔功豪和武进（1990）对我国城市边缘区发展过程中存在的问题及其内在机制进行了进一步的讨论，并对城市边缘区土地利用结构进行分析，指出城市边缘区呈现周期性增长的年轮结构。涂人猛（1991）对城市边缘区空间结构形成及演变的机制进行研究。王永洁和朱秀丽（1996）在研究中指出城市边缘区是指大城市核心建成区在工业化的过程中，其外围区域正在进行城市扩张的城乡交错区域，是一种非连续的空间现象。张建明和许学强（1997）将城市边缘区定义为“位于城市建成区与纯乡村地域之间的受城市辐射影响巨大的过渡地带”，该定义直接指明城市建成区的外边界是城乡结合部的内边界。张明（1991）在对该区规划和管理时，提出该区叫城市的增长边缘，从城市规划学的角度探讨了城市边缘区的特点与问题。柳中权（1992）在研究中提出该区域叫城乡混合型社区，并对该区域存在的问题进行研究。陈佑启（1995）在研究中将该区称为“城乡交错带”，他认为城市与乡村过渡地带是一个独立的地域单元，城市边缘区、城乡结合部等名称并不能真正概括这一区域的全部。他认为“城乡交错带”与国际上的城乡边缘带的概念相符，既可以体现出城乡过渡带的基本特征，又弥补了“城市边缘带”等概念的片面性这一不足，因此他认为用“城乡交错带”这一概念来定义此区域较为科学合理。郑柯炮和张建明（1999）分析了广州城乡结合部的土地利用空间变化及其驱动力，并针对问题提出了解决措施。刘庆（2004）对北京市城乡结合部农村居民用地的变化趋势及变化过程中出现的问题和解决对策进行了研究，系统地整理和分析了近十几年来农村居民用地管理中存在的问题及其政策对其的影响。吴涛（2009）对城乡结合部的土地问题进行了研究，他指出城乡结合部土地因其区位优势，具有较高经济效益，如果一旦利用失控，不但影响该区域的社会、经济的发展，而且对城市和农村的土地可持续利用也产生不良后果。因此，在土地利用中必须强调其经济效益、社会效益和生态效益的协调发展。田森（2013）以河南省内黄县为例运用灰色关联度方法，研究了城乡结合部耕地受人为活动驱动力的影响。结果表明，影响内黄县城乡结合部耕地变化的主要驱动因素为人口增长、非农生产、农业科技投入等。蒋毓琪等（2013）以兰州市和平镇为例，对城乡结合部土地利用变化驱动机制进行了研究。研究结果表明，和平镇土地利用的驱动变化是客观环境的外部冲击力和内在推动力综合作用的结果。第二、三产业比例和非农人口数是导致和平镇土地利用变化的主要驱动因子。通过以和平镇为典型区域进行分析，能够为城乡结合部土地利用的理论研究提供有益补充。

3.4.1 界定原则

划定城乡结合部范围最初的目的是更加科学地管理城乡结合部，城乡结合部范围的划分要遵循有利于城市总体规划这一原则，合理划分城乡结合部的空间范围有利于推动城乡的社会、经济快速发展（苏里，2009；韩美琴，2007；陆海英，2004；陈继勇，2003）。为了将城乡结合部的管理与城市的规划管理有机结合起来，应尽量保持城乡结合部外边界同城市规划区协调一致，一般情况下要遵循以下几个原则。

第一，区域差异性原则。由于城乡结合部与纯粹的城市和乡村地区有着明显的差别，所以城乡结合部是一种拥有特殊区位的经济单元，它同时也是城市和乡村的交界范围。划分出的城乡结合部既要保证可以反映其内部的基本特征，又要保证其与外部城市和乡村之间的差异性。

第二，区域相似性原则。城乡结合部内部土地的质量、属性、利用方式、利用结构和利用特点要保持相似性。

第三，界线完整性原则。城乡结合部的范围一般是要保证行政单位界线的完整性，这是为了满足搜集资料的方便性、统计数据的准确性和方案布局的可实施性。

第四，可行性和可操作性原则。划分城乡结合部空间范围选用的界定指标及各项资料要便于搜集获取，研究要具有可行性和可操作性。

第五，相对稳定性原则。城市化速度不断加快导致城乡结合部内外边界一直处在不稳定状态中，但对城乡结合部进行管理，需要保证其内外边界在一定时间内处于相对稳定的状态。

3.4.2 界定依据

对于城乡结合部范围界定方法，很多学者各持己见。有的学者将郊区的内部行政界线作为界定城乡结合部的内边界，或者将城市最外圈的环城公路作为城乡结合部的内边界，也有人将城市建成区界线作为城乡结合部的内边界。顾朝林（1995）认为“内边界以城市建成区基本行政区单位为界，外边界将工业、居住、交通等城市物质要素扩张范围作为界限”比较合理。程连生和赵红英（1995）应用遥感技术与信息熵原理来划定北京市城乡结合部的范围。也有人通过对各种定量指标的计算研究划分城乡结合部地域范围，陈佑启（1995）明确制定 5 类 20 条量化指标，如人均国内生产总值、土地利用结构、人均收入、劳动力结构、部门产值结构，根据“断裂点”分析法，计算 20 个指标要素的距离衰减突变值，以此来划定城乡结合部的地域范围。章文波等（1999）在遥感分类的基础上，把均值突变检测方法引入遥感影像的空间分析来划定城乡结合部的范围，这种方法也是从土地利用类型角度出发，以城市用地比率突变点研究划分区域边缘。叶明（2000）借助地理信息系统技术支持，利用信噪度分析来界定城乡结合部。

3.4.3 边界的界定

城市扩展表现在城市沿着道路网或城市环线向外扩展，在研究中一般都明确地将建设用地面积增加作为反映城市扩展的一个重要指标。本书在综合分析以往学者的界定依据的基础上，针对本书研究区的特点，认为在研究城乡结合部内部的土地变化时，将城市最外圈的环城公路作为城乡结合部的内边界，将与城市建成区相邻的乡镇的行政外边界所形成的闭合曲线作为城乡结合部的外边界比较合理，如图 3-3、图 3-4 所示。

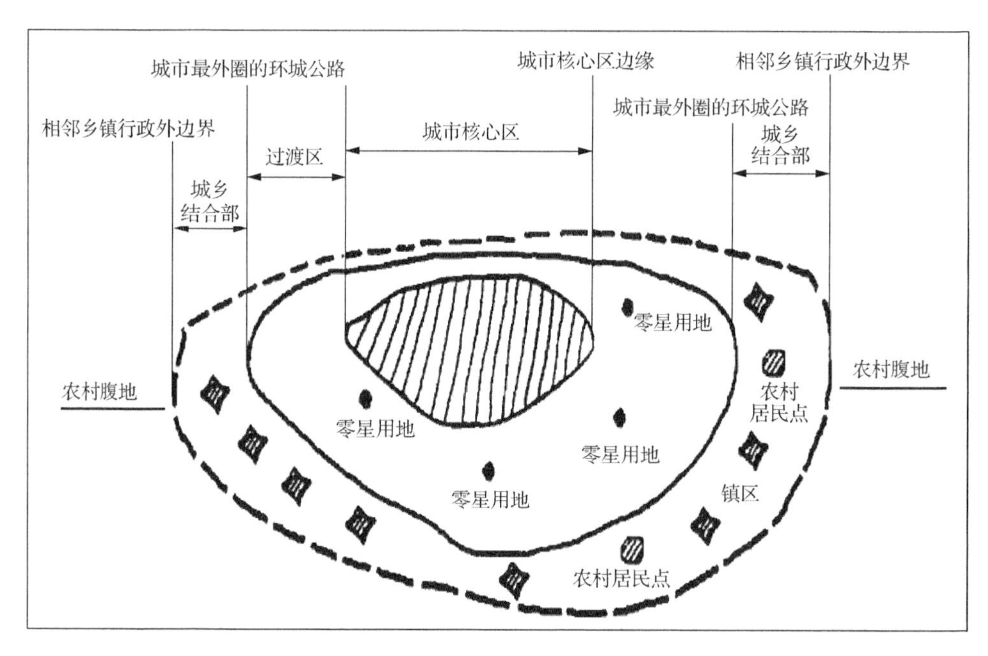

图 3-3　城乡结合部的区域示意图（陈佑启，1995）

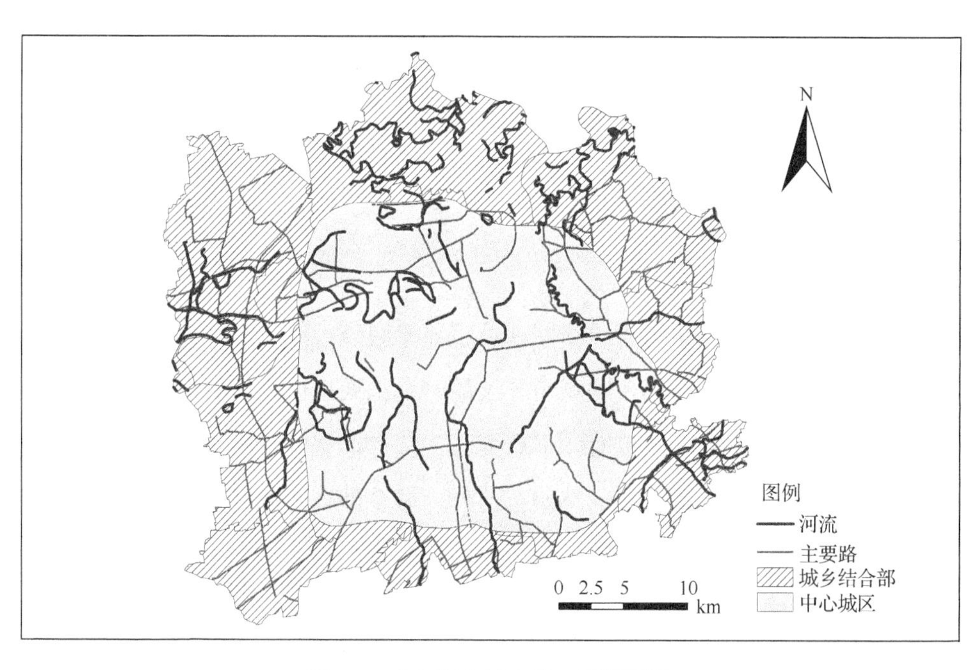

图 3-4　哈尔滨市城乡结合部范围图

哈尔滨市城乡结合部共涉及14个乡镇的131个村、184个屯。城乡结合部的主体位于松花江南北两侧，包括群力乡、松北镇、松浦镇、幸福镇、团结镇、王岗镇、黎明镇、呼兰街道、民主乡、万宝镇、新发镇、榆树镇、成高子镇、朝阳镇等14个乡镇。利用提取出的城乡结合部的边界对影像进行裁剪，裁剪后的影像如图3-5所示。

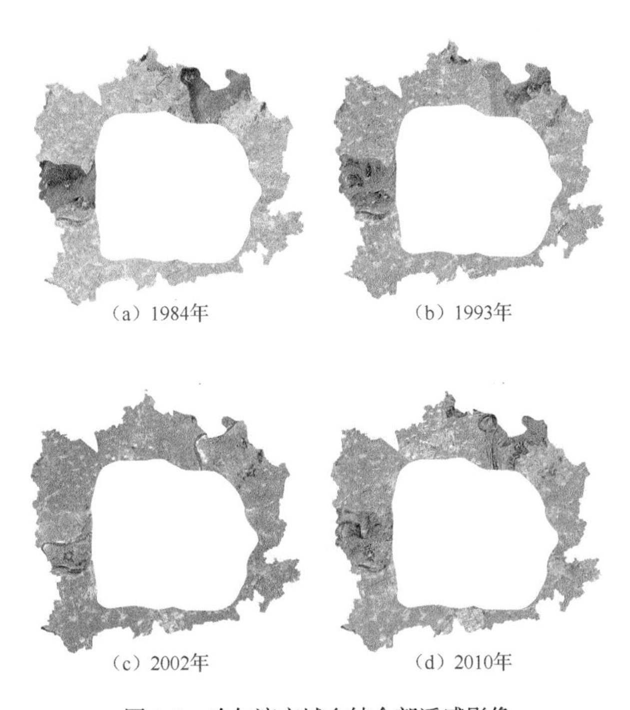

（a）1984年　（b）1993年　（c）2002年　（d）2010年

图3-5　哈尔滨市城乡结合部遥感影像

3.5　基于影像分割的线性光谱混合分解方法

遥感影像中只有少数像元是由单一的地表覆盖物组成的纯像元，大多数都是几种地物组成的混合像元。尽管不同的地物有不同的光谱特征，但是遥感记录的像元只有单一的光谱特征，即几种地物混合后的特征。因此影像中像元的光谱特征并不是单一地物的光谱特征，而是几种地物光谱特征的混合反映（唐菲和徐涵秋，2014）。一般情况下，不同地物具有不同的辐射特性，故混合像元的辐射特性与任何纯像元的辐射特性都不相同。混合像元的存在是影响地物识别精度的主要因素之一，特别是对线状地类和细小地物的分类识别影响较为突出，在土地利用遥感动态监测工作中，经常遇到混合像元的难题。遥感对地物的探测是以像元为单位，像元除了具有一定的光谱参量外，还具有一定的面积，表征了地物的空间分布。根据地物具有不同的辐射特性，纯像元易于识别。但是对于混合像元，无论把它直接归属到哪一种典型地物都是不准确的，因为它不完全属于一种典型地物（李君，2008）。如果每一混合像元能够被分解，而且能够求出它的覆盖类型组分占像元的百分比，就能解决由于混合像元的归属而产生的错分、误分问题，通常研究中把上述过程称为混合像元分解（蔡薇，2010）。

混合像元分解（spectral mixture analysis，SMA）模型作为亚像元分类器，可将遥感分类由像元级进一步细化到亚像元级，这种进步使得像元的混合问题得到了较好的解决，更是得到了广泛的认可和应用。SMA 模型分为线性模型与非线性模型两种，但是大部分的 SMA 应用都可以看作是线性模型。到目前为止，很多研究者已经基于 SMA 模型提出了不同的估算不透水面的方法。线性光谱混合分解（line spectral mixture analysis，LSMA）被广泛地应用在中分辨率和低分辨率的遥感影像的不透水面提取上。线性光谱混合分解模型定义为像元在某一波段的反射率是由几个不同端元的反射率以及其所占像元面积比例为权重系数的线性组合（刘珍环等，2012；陈健飞等，2009；吴传庆等，2006），如公式（3-1）所示：

$$R_i = \sum_{k=1}^{n} f_k R_{ik} + \varepsilon_i \left(\sum_{k=1}^{n} f_k = 1, 0 \leqslant f_k \leqslant 1 \right) \tag{3-1}$$

式中，R_i 为波段 i 的反射率，其中包含一种或多种端元成分；n 为光谱波段数；

k 为端元数目，k=1, 2, …, n； f_k 为端元 k 在像元内部所占比例； R_{ik} 为端元 k 在波段 i 的反射率； ε_i 为模型在波段 i 的拟合误差。

本书在传统的 LSMA 的基础上提出了基于影像分割的线性光谱混合分解（segmentation-line spectral mixture analysis，S-LSMA），即把遥感影像先利用分析软件易康（eCognition）分割后，基于分割后的每个面单独选取端元，然后提取不透水面。在分割的基础上来选择端元，针对不同的地区选择不同的端元，在端元提取的过程中引入了空间信息。对于不透水面比例的计算并不是简单地将高反射地物和低反射地物相加，而是引入了计算规则。下面将具体介绍一下影像分割、端元数目的确定、主成分分析（principal component analysis，PCA）、端元提取、不透水面提取、不透水面的计算规则、精度验证（Li et al.，2014）。

3.5.1 影像分割

对影像分割采用的是德国 Definiens Imaging 公司的遥感影像分析软件易康。分割方法采用的是多尺度分割。多尺度分割是一种最优的算法，从一个像元开始进行一个自下至上的区域合并，在合并过程中小的对象被合并到稍大的对象中去（韩玲玲等，2012；赵宇鸾和林爱文，2008）。尺度（scale）、形状（shape）和紧密度（compactness）是分割的三个主要参数。尺度参数被认为是最重要的，尺度控制图像对象的相对大小（Benz et al.，2011；Liu and Xia，2010）。小尺度参数产生较小的图像对象，而较大的尺度参数产生较大的图像对象。在本书中研究者要得到大的分割区域，所以将尺度参数设置为 3000、形状参数设置为 0.9、紧密度参数设置为 1，最终哈尔滨市主城区被划分为不透水高密度区、不透水中密度区和不透水低密度区三个部分，如图 3-6 所示。

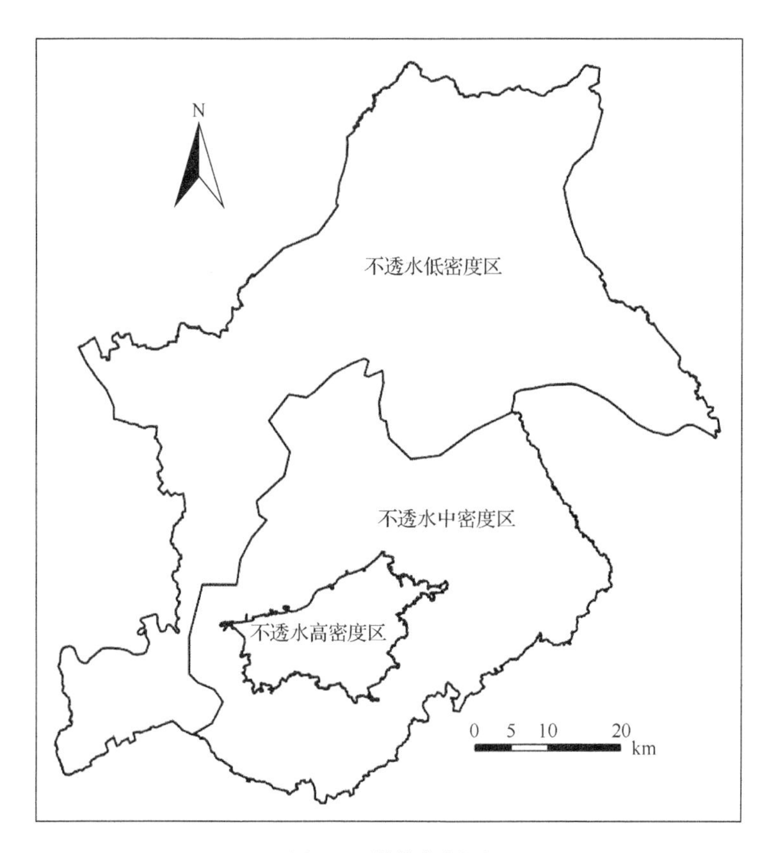

图 3-6　影像分割图

3.5.2　端元数目的确定

对于城市不透水面的提取过程中端元的选取，Ridd（1995）提出了 V-I-S 模型，这个模型假设每个像元都是由植被、不透水面和土壤组成的。此模型在城市不透水面的提取方面得到了大量的应用（Zhang et al.，2004；Rashed et al.，2003；Roberts et al.，1998）。Small（2001）提出了改进的 V-I-S 模型，即植被-低反照率地物-高反照率地物（V-L-H）模型。他利用此模型对美国纽约城市的地物信息进行了提取。在此基础上，Wu 和 Murray（2003）发展了植被-高反照率地物-低反照率地物-土壤（V-H-L-S）模型，计算了美国俄亥俄州哥伦布市的不透水面，而且他们发现城市不透水面的提取可以通过低反照率和高反照率地物的相加获取。在这些研究中被广泛应用的是 Wu 和 Murray 的 V-H-L-S 模型。本书中也采用 Wu 和 Murray 的 V-H-L-S 模型。

3.5.3 主成分变换

在以往的研究中，一些研究者先把影像进行最小噪声分离（minimum noise fraction，MNF），在此基础上来选取端元，也有一些研究者先对影像进行主成分变换，然后再选取端元。经过对比，本研究区利用主成分变换再进行端元的选取的结果要优于 MNF 变换，因此我们对影像进行主成分变换。

主成分变换是基于变量之间的相关关系，在尽量不丢失信息前提下的一种线性变换的方法，主要用于数据压缩和信息增强（冯德俊等，2004）。它可以将具有相关性的多波段数据压缩到完全独立的较少的几个波段上，使影像数据更易于解译。主成分变换是建立在统计特征基础上的多维正交线性变换，是一种离散的 Karhunen-Loeve 变换，所以又称 K-L 变换（付强等，2007）。主成分变换能够将影像 A 分解为一组主成分，而每一个主成分都对应一个权重，该权重的大小反映影像 A 中不同部分的相关性，可以通过对主成分的选取实现不同相关性波段信号的分离。将主成分按其权重大小排序，如果只取最大值的一个或几个主成分，那么恢复后的影像相关性就很好；如果只取最小的一个或者几个主成分，那么恢复后的信号相关性就很差（党安荣等，2010；张静伟等，2010）。通过图 3-7 的主成分分析特征值窗口可以看到 1、2、3 波段具有很大的特征值。

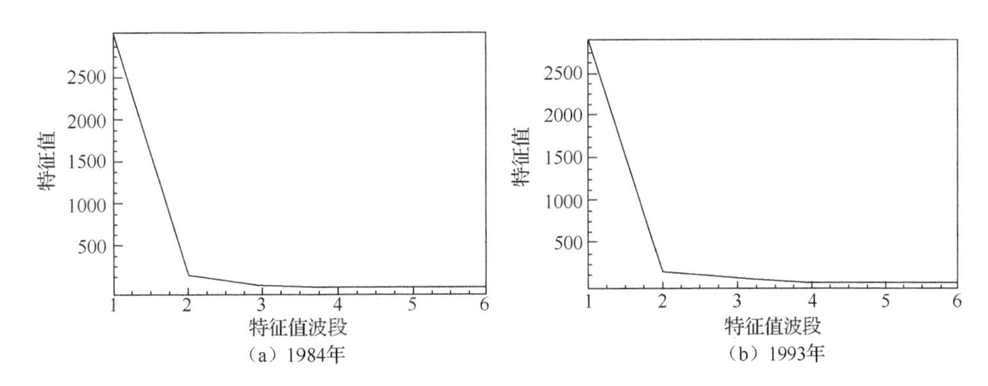

（a）1984年　（b）1993年

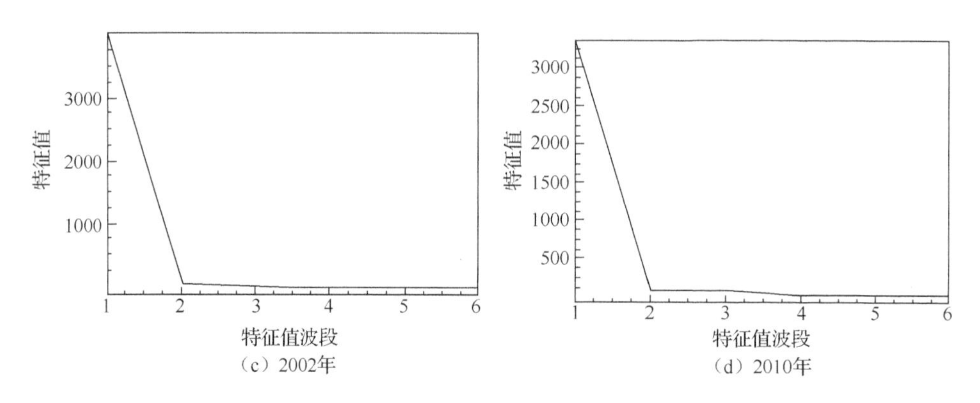

（c）2002年　（d）2010年

图 3-7　主成分分析特征值窗口

3.5.4　端元提取

端元是指在遥感影像中组成混合像元的多种单一光谱的土地覆盖类型（戎亚萍，2013；Rashed et al.，2005；Roberts et al.，1998；Adams et al.，1993）。在混合像元分解过程中端元的选择会直接影响混合像元分解的精度。如果端元选择的数量太少，就不能涵盖研究区所有的土地覆盖类型，就会把漏掉的土地覆盖类型错分为其他土地覆盖类型；如果端元选择的数量太多，端元之间的相关性就会增强，分解模型容易把相关性强的端元组分混淆，影响分解模型的精度（Gillespie et al.，1990）。散点图是由不同波段相同像元位置上的反射率值构成的向量在反射率空间中的分布。本章通过主成分变换得到的前 3 个主成分进行 N 维特征空间交互来选取端元。对于每个子影像，端元是通过每一类的纯像元进行选择的，端元一般分布在三角形特征空间的顶点，越往边缘纯度越高。端元包括高反照率地物、低反照率地物、土壤和植被。如公式（3-2）所示：

$$\bar{x}=\frac{1}{n}\sum_{i=1}^{n}x_i \tag{3-2}$$

式中，$\bar{x}$ 为像元中端元光谱的平均值；i 为像元；x_i 为特定的分割面中像元 i 的光谱；n 为分割面中候选端元的总数。

3.5.5 不透水面的提取

本书采用 MATLAB 软件编写的程序，利用最小二乘法求解线性光谱混合模型，运行过程图如图 3-8 所示。

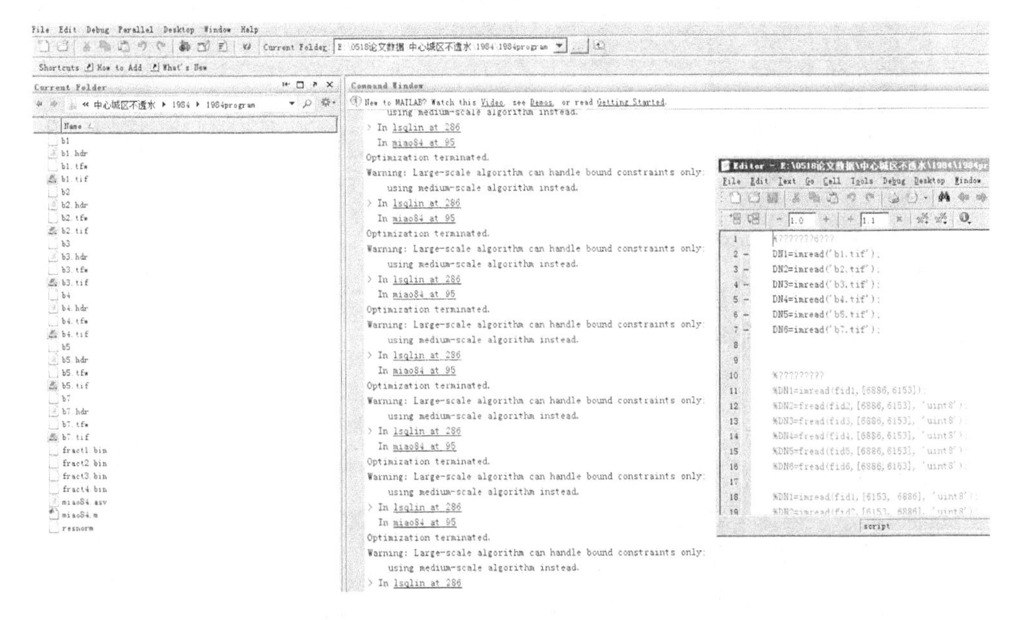

图 3-8 MATLAB 运行过程

经过 MATLAB 运算后得出的是四个.BIN 的二进制文件。分别对应的是高反照率地物、低反照率地物、土壤和植被的结果图。把结果图在 ERDAS 中通过 import 功能转成.img 格式的图像，图 3-9、图 3-10 分别为数据转换和参数设置示意图。

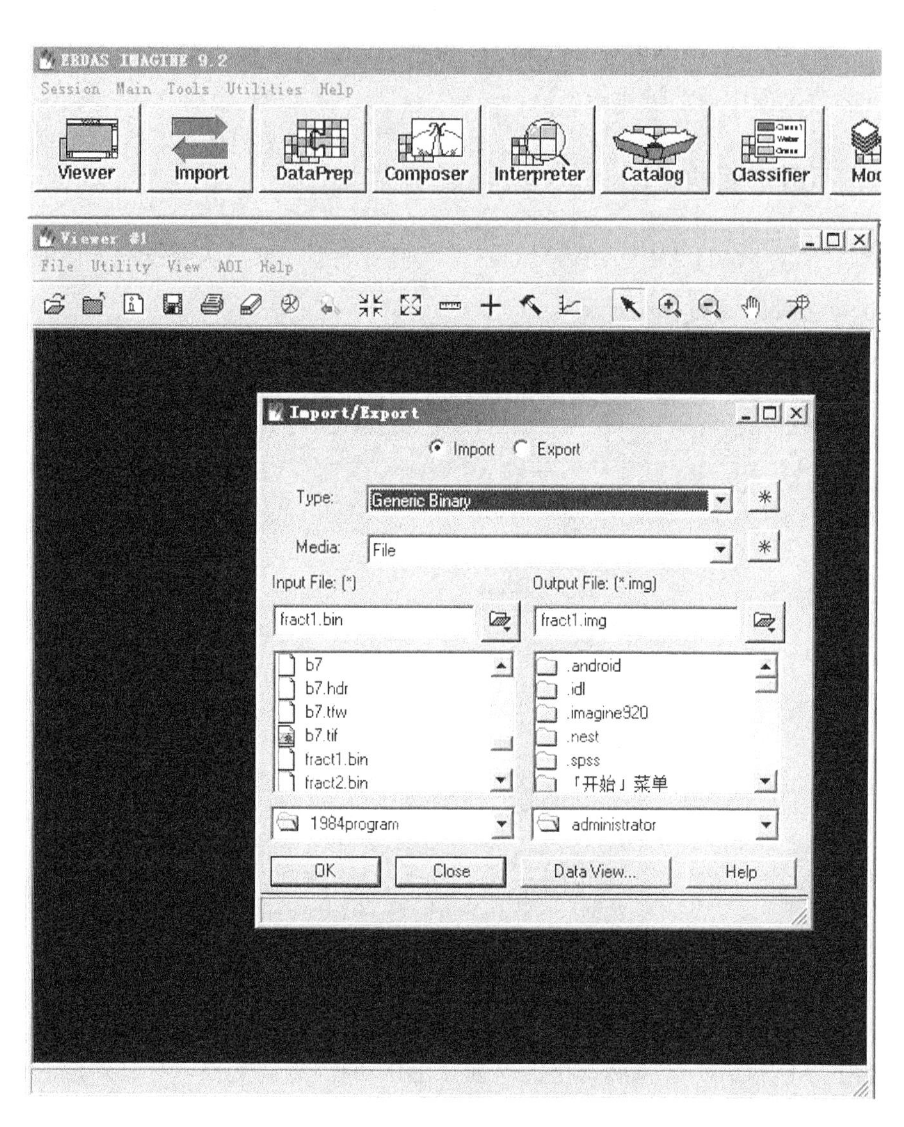
ERDAS IMAGINE 9.2
Session Main Tools Utilities Help
Viewer
Import
DataPrep
Composer
Interpreter
Catalog
Classifier
Viewer #1
File Utility View AOI Help
Import/Export
Import
Export
Type:
Generic Binary
Media:
File
Input File: (*)
Output File: (*.img)
fract1.bin
fract1.img
b7
b7.hdr
b7.tfw
b7.tif
fract1.bin
fract2.bin
.android
.idl
.imagine920
.nest
.spss
「开始」菜单
1984program
administrator
OK
Close
Data View...
Help

图 3-9　数据转换示意图

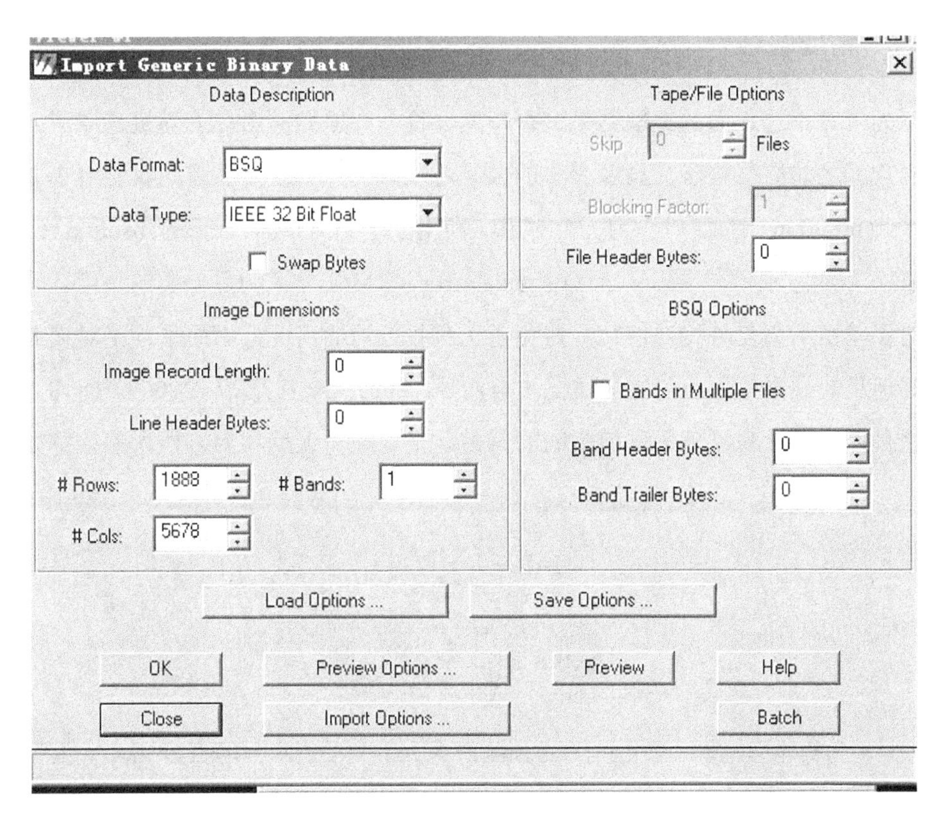

图 3-10　参数设置示意图

3.5.6　不透水面的计算规则

研究发现，高反照率地物几乎都是商业和交通用地，但是低反照率地物可能是城市中的不透水面，也可能是暗土壤、阴影或者农村的水体。如果直接按照传统的算法把低反照率和高反照率地物相加来得到不透水面会降低提取精度。为了解决这个问题，我们提出了一个规则来计算不透水面。对于不透水面高密度区，直接按照传统的算法把低反照率地物和高反照率地物相加来得到不透水面的比例；对于不透水面中密度区和低密度区，低反照率地物可能是前面提到的暗土壤、阴影或者农村的水体，所以我们只把高反照率地物定义为不透水面。

3.5.7 精度验证

为了对不透水面的提取结果进行精度评价，在原始的影像上随机选取了 300 个样点。之前的一些研究显示 3×3 的像元可以减少几何误差。因此我们用 3×3 像元（90 m×90 m）的窗口作为一个对象，利用平均绝对误差（mean absolute error，MAE）和均方根误差（root-mean-square error，RMSE）来衡量分类的精度。平均绝对误差由于离差被绝对值化，避免了正负相抵消的情况，因而平均绝对误差能很好地反映预测值误差的实际情况（李素等，2007；李宜龙等，2006）。而均方根误差是用来衡量观测值同真值之间的偏差。平均绝对误差和均方根误差计算如公式（3-3）和公式（3-4）所示：

$$\mathrm{MAE}=\frac{1}{n}\sum_{i=1}^{n}\left|f_i-y_i\right| \tag{3-3}$$

$$\mathrm{RMSE}=\sqrt{\frac{1}{n}\sum_{i=1}^{n}(f_i-y_i)^2} \tag{3-4}$$

式中，n 为样本数；i 为像元；f_i 为预测的像元 i 中不透水面的百分比；y_i 为像元 i 中实际的不透水的百分比。

4
城市不透水面时空变化分析

4.1 哈尔滨市城市不透水面信息提取

中心城区属于建筑高密度区，不透水面所占的比例很大，所以在不透水面计算时，通过高反照率地物和低反照率地物相加得到不透水面的比例。不透水面盖度空间分布图如图 4-1 所示。从图 4-1 中可以看出，1984 年、1993 年、2002 年、2010 年哈尔滨市不透水面盖度变化特征有一定的区别。1984 年哈尔滨市的不透水面主要集中在城市的中心区，虽然面积不大，但是高盖度的不透水面面积较多。1993 年

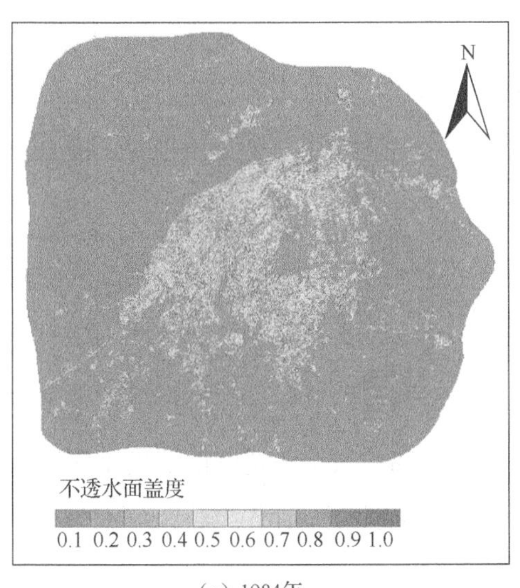

（a）1984年

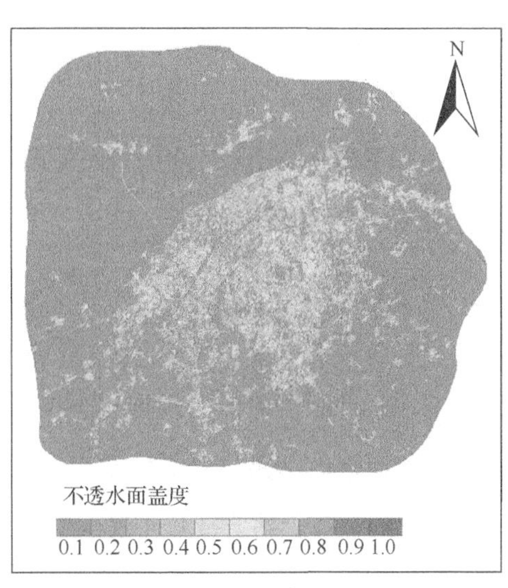

（b）1993年

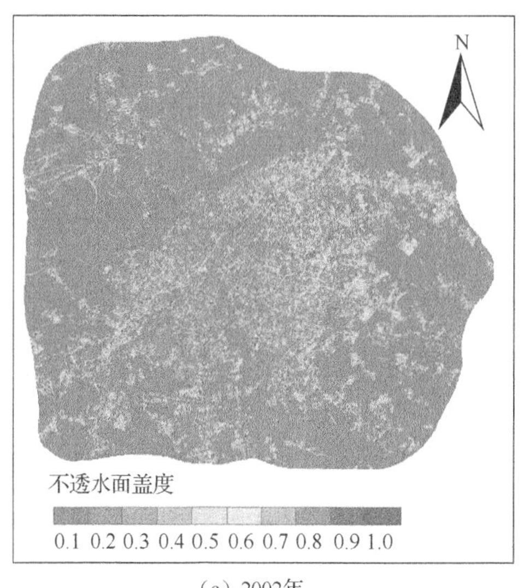

（c）2002年

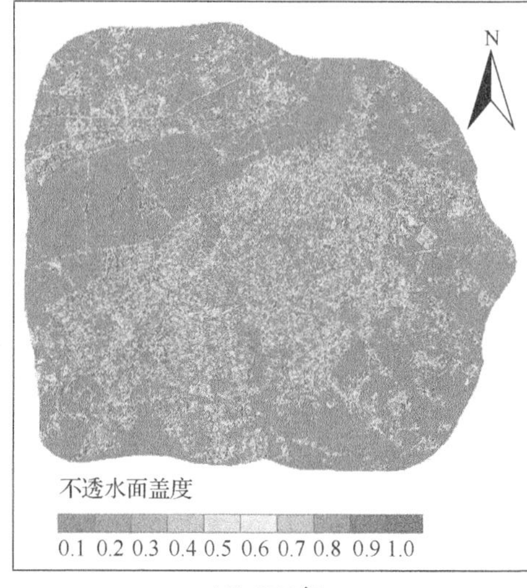

（d）2010年

图 4-1　哈尔滨市中心城区不透水面盖度空间分布图（见书后彩图）

不透水面的面积有所扩大，从面积上看不透水面的面积要比 1984 年大，但是并不像 1984 年那样高盖度的不透水面很集中。2002 年的不透水面面积与 1993 年相比，面积增加的并不是特别多，但是从范围上来看，向四周扩散，在松花江北部已经有不透水面分布。2010 年的不透水面很明显扩展到了松花江北部，而且高盖度的不透水面分布很多。

首先对影像进行 PCA 变换，在此基础上选取植被、土壤、高反照率地物和低反照率地物四种端元，将端元值输入程序中，在 MATLAB 中运算。因为城乡结合部的不透水面所占的比例特别小，所以在不透水面计算中，只把高反照率地物定义为不透水面。最终提取的哈尔滨市城乡结合部的城市不透水面盖度空间分布图如图 4-2 所示。经过计算 1984 年、1993 年、2002 年、2010 年哈尔滨市城乡结合部不透水面所占比例分别为 3.9%、6.6%、9.0%、16.52%。

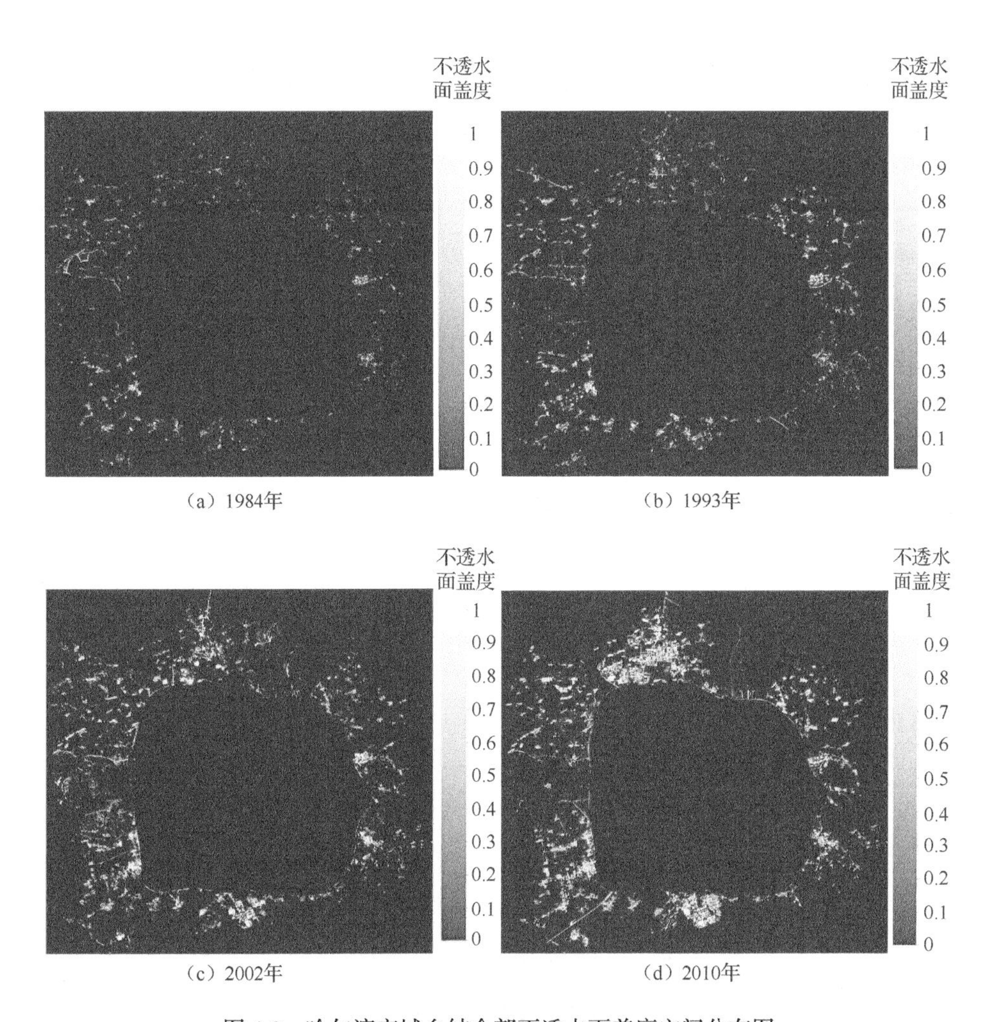

图 4-2 哈尔滨市城乡结合部不透水面盖度空间分布图

4.2 中心城区不透水面变化分析

4.2.1 不透水面扩展分析

1984 年、1993 年、2002 年、2010 年中心城区不透水面扩展面积及增加速度如图 4-3 所示。从 1984～1993 年，哈尔滨市中心城区不透水面面积由 48.51 km^2

增加到 57.1 km^2，增加速度为 0.95 km^2/a。1993～2002 年，城市不透水面面积由 57.1 km^2 增加到 72.85 km^2，增加速度为 1.75km^2/a。到 2010 年不透水面面积达到 125.04 km^2，2002～2010 年不透水面的增加面积是 1993～2002 年增加面积的 3 倍多，其增加速度也是 1993～2002 年的 3 倍多。2002～2010 年（8 年）不透水面的增加面积是 1984～2002 年（18 年）的 2 倍多，可见 2002～2010 年这一时期城市发展非常快。

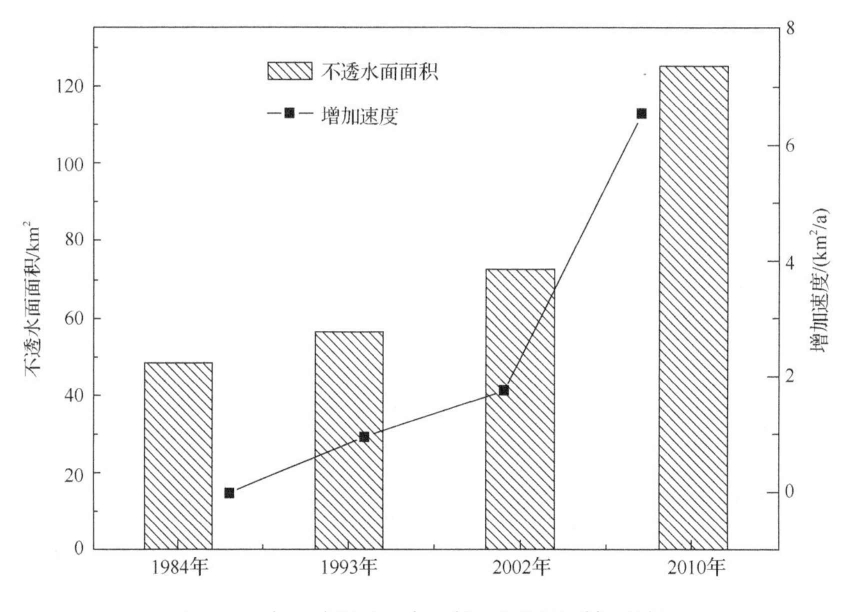

图 4-3　中心城区不透水面扩展面积及增加速度

为了研究哈尔滨市中心城区不透水面的扩展方向，本书做了 1984 年、1993 年、2002 年和 2010 年哈尔滨市中心城区城市不透水面的雷达图，如图 4-4 所示。从图 4-4 中可以看出，1984～1993 年东、东南方向的不透水面增多。1993～2002 年东、东南、东北、西、北 5 个方向的城市不透水面都有所增加。到了 2010 年哈尔滨市中心城区城市不透水面向各个方向都有所扩展。

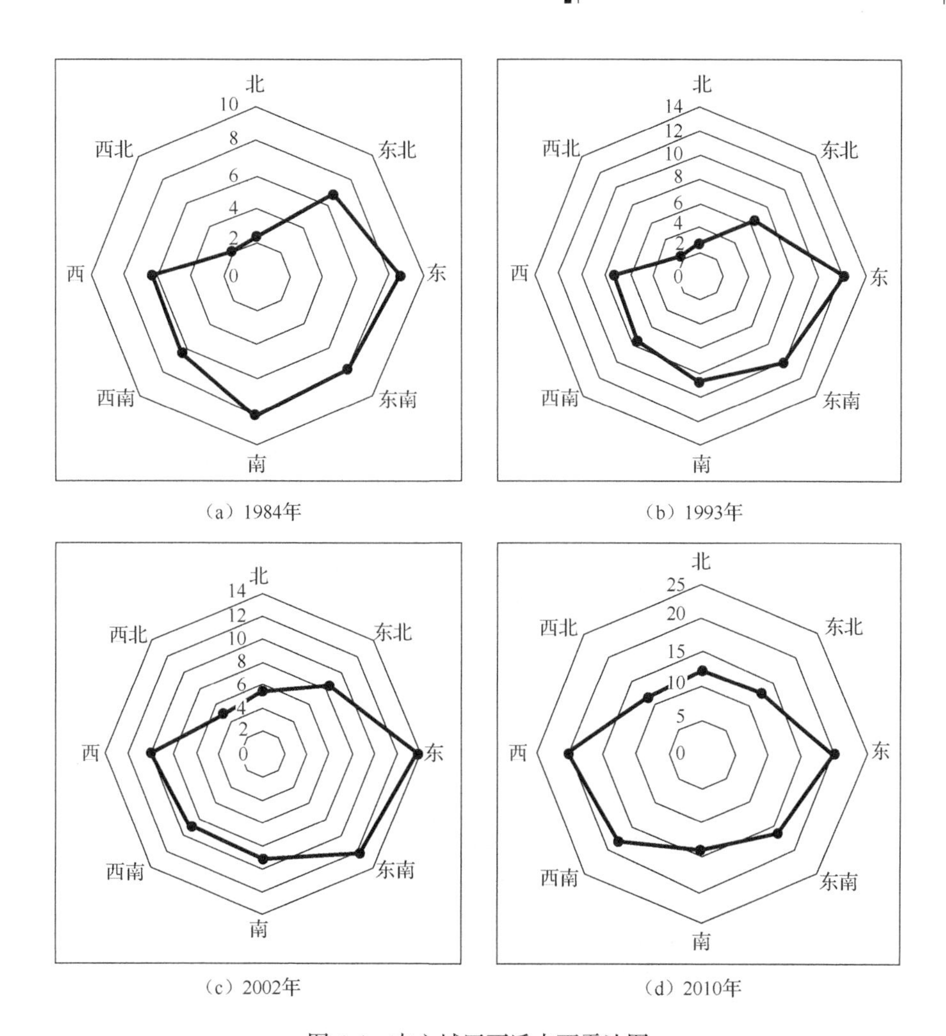

图 4-4 中心城区不透水面雷达图

4.2.2 不透水面分布缓冲区分析

缓冲区是对一组或一类地图要素（点、线或面）按照设定的距离条件，围绕这组要素而形成具有一定范围的多边形实体（汤国安和杨昕，2006）。从数学的角度来看，缓冲区是给定空间对象或集合后通过一定的数学法则求得的它们的邻域。领域的大小由邻域的半径或缓冲区建立的条件来决定。因此，对于一个给定对象 A，它的缓冲区可以定义为

$$P=\left\{x \mid d(x,A) \leqslant r\right\} \tag{4-1}$$

式中，P 为缓冲区；d 一般为欧氏距离（也可以是其他距离）；A 为给定的对象；r 为邻域半径或缓冲区建立的条件。

本书运用 ArcGIS 软件中的 Buffer 功能，采用缓冲区分析法，以哈尔滨市的城市原点（红博广场）为原点，以 2 km 的间距依次设置缓冲区，由里向外依次编号，共得到 8 个缓冲区。将这些缓冲区与中心城区不同时期的不透水面进行叠加分析，统计不同时期各个缓冲区的不透水面面积的变化情况。红色、蓝色、绿色和紫色分别为 1984 年、1993 年、2002 年和 2010 年哈尔滨市中心城区不透水面的分布情况（图 4-5）。

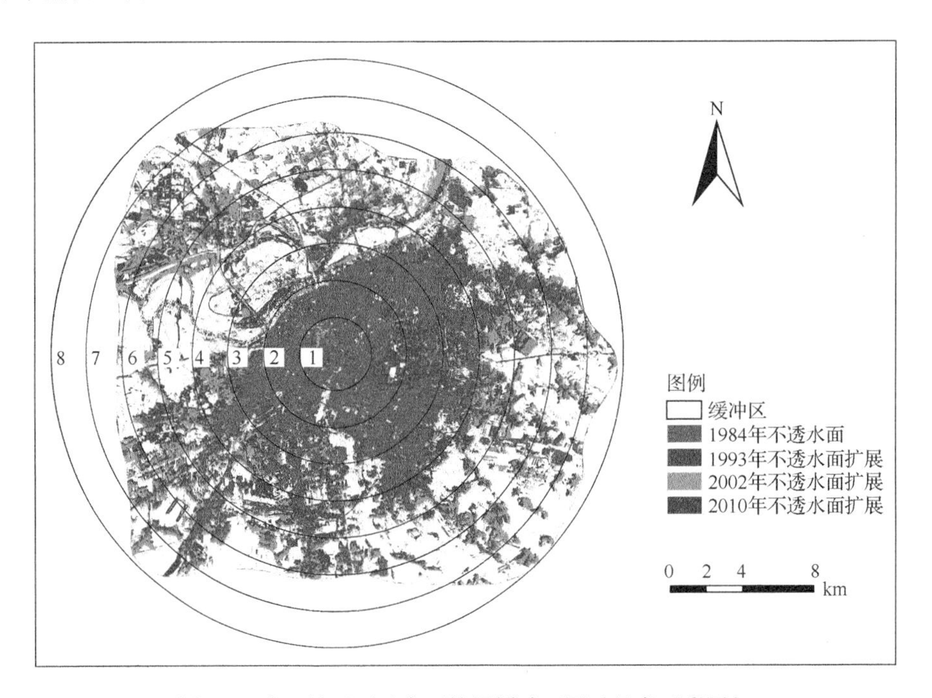

图 4-5　中心城区不透水面扩展缓冲区图（见书后彩图）

由图 4-5 可以明显地看出，哈尔滨市中心城区的扩展是以主城区为核心向外分层扩展，也就是以“摊大饼”式，不断向四周扩散。为了更加详细地分析哈尔滨市中心城区不透水面的具体变化情况，对不同年份和不同缓冲区分别讨论（图 4-6）。

由图 4-6 可以看出，1984 年、1993 年、2002 年和 2010 年哈尔滨市中心城区的不透水面的面积在前 3 个缓冲区相差不多；2002 年不透水面的面积在第 4 到第 8 缓冲区内都要高于 1984 年和 1993 年；2010 年在第 3 到第 8 缓冲区内都要高于其他年份，尤其是第 4、第 5、第 6 缓冲区，明显高于其他年份，说明哈尔滨市中心城区的扩展主要以向四周蔓延为主。

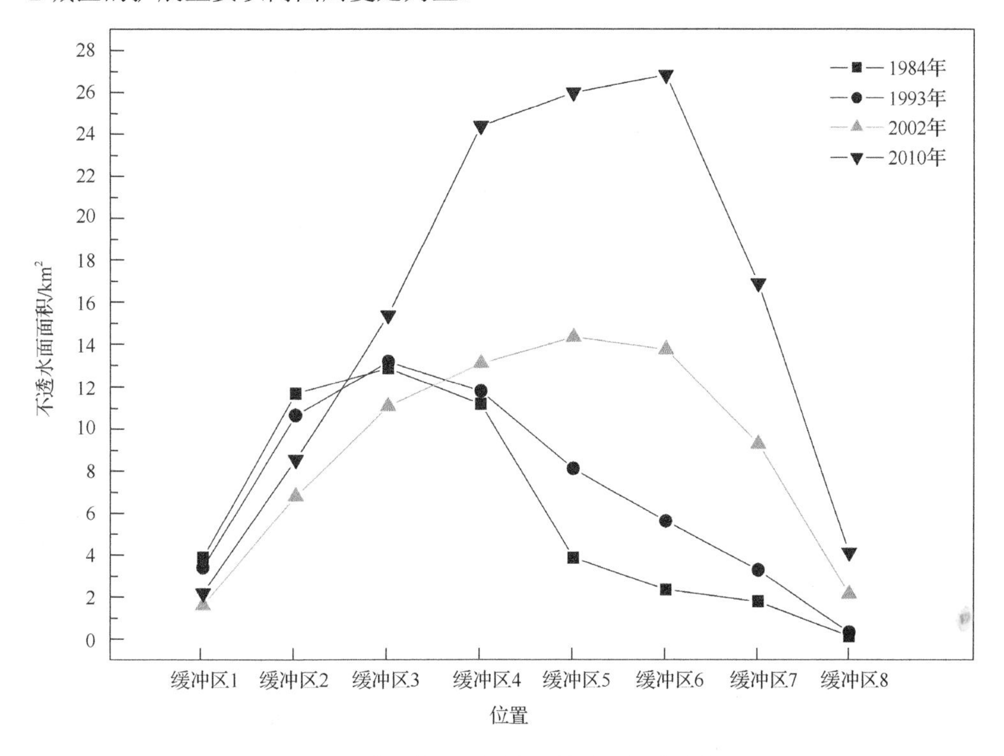

图 4-6　中心城区不透水面扩展面积及速率

4.2.3　中心城区不透水面重心转移

在土地利用与土地覆盖变化研究中，研究者常常采用某种土地利用类型分布的重心变化来反映区域土地利用的空间变化状况。其方法可以计算大区域内的小区域的几何重心的变化。在本书中计算的是哈尔滨市中心城区的城市不透水面的几何重心的变化。计算出每个小区几何重心的地理坐标，然后乘以该小区该项土地利用类型的面积，最后把乘积累加后除以全区域该项土地利用类型总面积。第 t 年的某种土地利用类型分布重心坐标计算方法如公式（4-2）和公式（4-3）所示：

$$X_t = \sum_{i=1}^{n}(C_{ti} \times X_i) / \sum_{i=1}^{n} C_{ti} \tag{4-2}$$

$$Y_t = \sum_{i=1}^{n}(C_{ti} \times Y_i) / \sum_{i=1}^{n} C_{ti} \tag{4-3}$$

式中，i 为哈尔滨市中心城区内的 10 个乡镇之一；C_{ti} 为第 i 个乡镇城市不透水面的面积；X_i、Y_i 为乡镇的几何重心坐标；X_t、Y_t 为第 t 年的城市不透水面分布重心坐标。

本书在哈尔滨市中心城区的城市不透水面的重心转移计算中，并不是简单地进行重心的计算，而是将不透水面在像元中的百分比按照 0.1 为间隔，从 0.1～1 分成 10 个等级。然后每个等级赋予相应的权重，在此基础上进行计算，得到了 1984～2010 年哈尔滨市中心城区城市不透水面重心的转移情况，如图 4-7 所示。

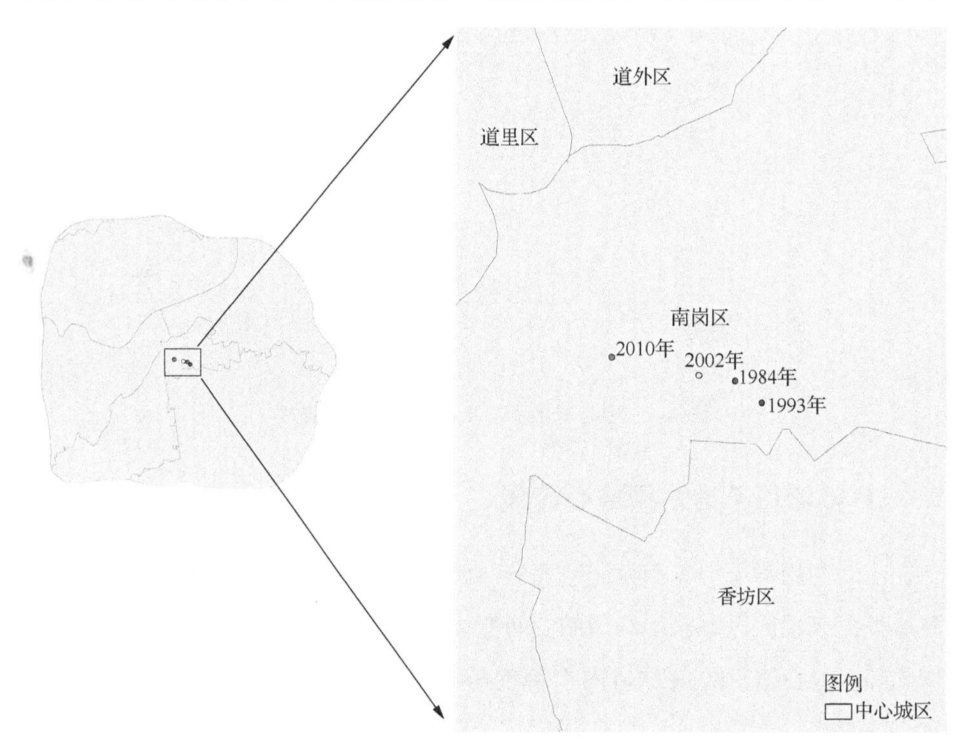

图 4-7　中心城区不透水面重心变化

由图 4-7 可以看出，1984～2010 年哈尔滨市中心城区城市不透水面的重心都分布在南岗区内。但是，1984～1993 年中心城区的不透水面重心向东南方向转移了 346.26 m，这与前面不透水面格局分析的结果一致，因为 1984～1993 年不透水面主要是向南部扩展。1993～2002 年中心城区的不透水面重心向西北部转移了 685.68 m，转移方向正好和 1984～1993 年的转移方向相反，转移距离是 1984～1993 年的将近 2 倍。2002～2010 年中心城区的不透水面重心仍然继续向西北方向转移，转移距离为 877.51 m。这是由于在哈尔滨市“南越、北拓、中兴、强县”的发展战略下，江北区得到快速发展。可见城市的扩展与国家和区域发展规划的政策方针有很大的关系。

4.3　中心城区不透水面景观指数分析

不透水面是城市中心城区的基质景观，直接影响着城市的景观格局与变化过程。因此，研究城市景观变化的格局特征，为进一步弄清城市化进程中城市发展存在的关键问题，提出科学合理的城市化道路，对于城市的发展具有重要的意义（张立波等，2008）。景观指数是指能够高度浓缩景观格局信息、反映其结构组成和空间配置某些方面特征的简单定量指标。本章将不透水面分成了三个不同的等级。不透水面所占比例为 0～30%时，将其定义为不透水面低密度区（L-ISA），不透水面所占比例为 30%～70%时，将其定义为不透水面中密度区（M-ISA），不透水面所占比例为 70%～100%时，将其定义为不透水面高密度区（H-ISA）。基于美国俄勒冈州立大学森林科学系开发的景观指标计算软件 FRAGSTATS 3.3，进行景观指数的计算。参考以往的研究基础，结合本研究区的特点选取斑块密度（patch density，PD）、周长-面积分维数（perimeter area fractal dimension，PAFRAC）、聚集度指数（aggregation index，AI）等几个指数对不透水面的景观格局变化进行分析（宗玮，2012；周云轩等，2004；王秀兰和包玉海，1999）。

4.3.1 斑块密度

斑块密度是单位面积的斑块数目，它反映了景观破碎化程度，斑块密度越大，则斑块越小，破碎化程度越高。

$$PD = N / A \tag{4-4}$$

式中，N 为斑块数目；A 为单位面积（100 hm^2）的斑块数取值范围：PD＞0，无上限。

不透水面斑块密度如图 4-8 所示。从图 4-8 中可以看出，不透水面高密度区和不透水面低密度区的斑块密度是逐年增大的，不透水面中密度区的斑块密度是先减小后增大又减小的。

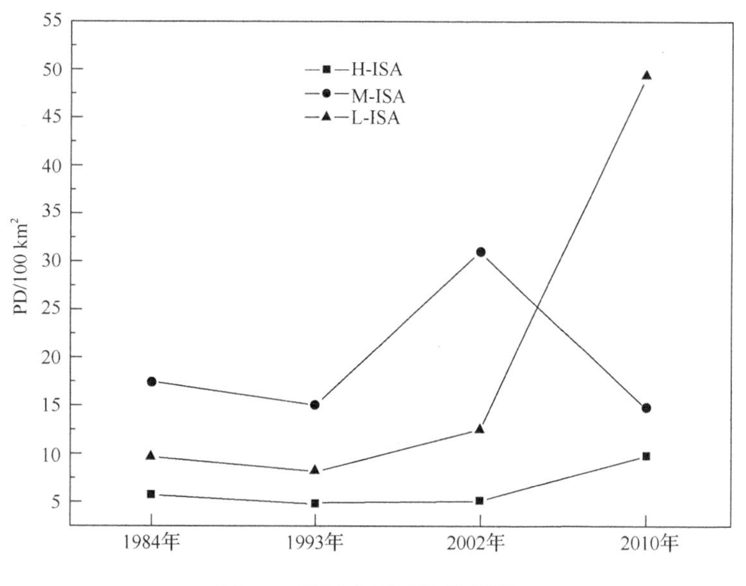

图 4-8　不透水面斑块密度图

4.3.2 周长-面积分维数

周长-面积分维数是用来描述景观水平上的形状复杂程度的，1≤PAFRAC≤2，值越大形状越不规则，计算方法如公式（4-5）（赵晓燕，2007）：

$$\text{PAFRAC}=\frac{2}{n_i\sum_{j=1}^{n}(\ln P_{ij}\cdot\ln a_{ij})-\sum_{j=1}^{n}\ln P_{ij}\cdot\sum_{j=1}^{n}\ln a_{ij}\cdot n_i\sum_{j=1}^{n}\ln P_{ij}^2-\left(\sum_{j=1}^{n}\ln P_{ij}\right)^2} \quad (4\text{-}5)$$

式中，P_{ij} 为斑块 ij 的周长；a_{ij} 为斑块 ij 的面积；n_i 为某景观类型的斑块数目。

不透水面周长-面积分维数如图 4-9 所示。从图 4-9 中可以看出中密度不透水面区域的周长-面积分维数是不断减小的，说明中密度不透水面的形状越来越趋于简单。低密度不透水面区域的周长-面积分维数从 1984～1993 年略微增加，1993～2002 年却急剧减小，2002～2010 年又略微增加。这说明低密度不透水面区域的形状变化较大，先趋于复杂又趋于简单，最后又变为复杂。高密度不透水面区域的周长-面积分维数从 1993 年后不断增加，说明高密度不透水面区域的形状越来越复杂。

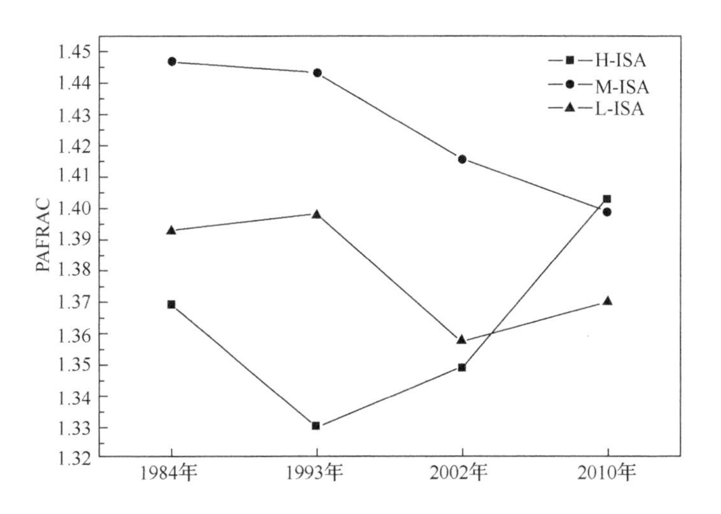

图 4-9　不透水面周长-面积分维数图

4.3.3 聚集度指数

聚集度指数表示不同斑块类型相邻出现在景观图上的概率，反映景观要素在景观中的相互分散性。AI 越大说明斑块越完整，越小说明斑块越破碎。聚集度指数的计算公式（黄思琴等，2015）如下：

$$\mathrm{AI}=1-\frac{C}{C_{\max}} \tag{4-6}$$

式中，AI 为相对聚集度指数；C 为复杂性指数；$C_{\max}$ 为 C 的最大可能取值。

低密度不透水面区域的聚集度指数在 1984～2010 年是先降低又增加然后又降低。中密度不透水面区域的聚集度指数和低密度不透水面的聚集度指数变化趋势正好相反，是先增加又减少然后又增加的，如图 4-10 所示。总体来看，高密度的不透水面区域的斑块完整性要远远优于中密度不透水面区域和低密度不透水面区域，与聂芹（2013）对上海市的中心城区的研究结论一致，与上面得出高密度不透水面的形状比较规则也相吻合。

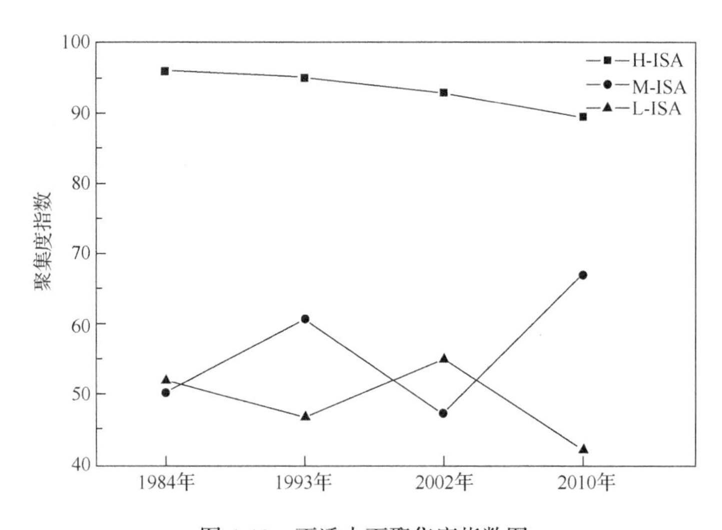

图 4-10　不透水面聚集度指数图

4.4 城乡结合部不透水面动态变化分析

为了进一步分析哈尔滨市城乡结合部的不透水面变化情况，将该区域按照不同的比例分成不透水面低密度区（0～30%）、不透水面中密度区（30%～70%）、不透水面高密度区（70%～100%）。在此基础上分析了不透水面的动态度。不透水面单一土地动态度如表 4-1 所示。

表 4-1 不透水面单一土地动态度

年份	单一土地动态度		
	低密度不透水面	中密度不透水面	高密度不透水面
1984～1993	0.004 164	0.156 707 6	0.007 956
1993～2002	0.187 512 3	0.106 253	0.927 545 5
2002～2010	0.243 234 7	0.057 614 6	0.666 219 8

动态度表达的是某研究区一定时间范围内某种土地利用类型的数量变化情况（赵文武等，2002，2003），其表达式为

$$K = \frac{U_b - U_a}{U_b} \times \frac{1}{T} \times 100\% \tag{4-7}$$

式中，K 为研究时段内某一土地利用类型动态度；U_a、U_b 分别为研究期初及研究期末某一种土地利用类型的数量；T 为研究时段长，当 T 的时段设定为年时，K 的值就是该研究区某种土地利用类型年变化率。

研究结果表明，1984～1993 年低密度不透水面、中密度不透水面和高密度不透水面都是不断增加的，但是低密度不透水面和高密度不透水面增加得不多，而中密度不透水面增加得较多。1993～2002 年仍然是低密度不透水面、中密度不透水面和高密度不透水面都不断增加，与低密度不透水面和中密度不透水面相比，高密度不透水面增加得非常快。2002～2010 年仍然是低密度不透水面、中密度不透水面和高密度不透水面都不断增加，但是与 1993～2002 年不同的是，中密度不透水面增加得很慢，而低密度不透水面和高密度不透水面增加得很快，尤其

是高密度不透水面增加得非常快。整体来看，1984～1993 年的动态度要低于1993～2010 年，说明后一阶段城市发展得较快。

1984～2010 年哈尔滨市城乡结合部不透水面按比例分布图如图 4-11 所示。经过分析，1984～1993 年主要是低密度不透水面周围的建筑增多，使中密度不透水面不断增多。1993～2002 年则是中密度不透水面附近的不透水面增多，进而使这个时间段内高密度不透水面不断增多。2002～2010 年，中密度不透水面周围的建筑增多，使高密度不透水面不断增多，同时由于城市的扩展，原来的空地上增加了新的建筑，所以低密度不透水面也不断增加。图 4-12 为 2010 年哈尔滨市城乡结合部不透水面和交通线相叠加的图。从图中可以看出，交通线密集的地方，城乡结合部不透水面分布较多，而相对来说，交通线稀疏的城乡结合部不透水面分布较少。

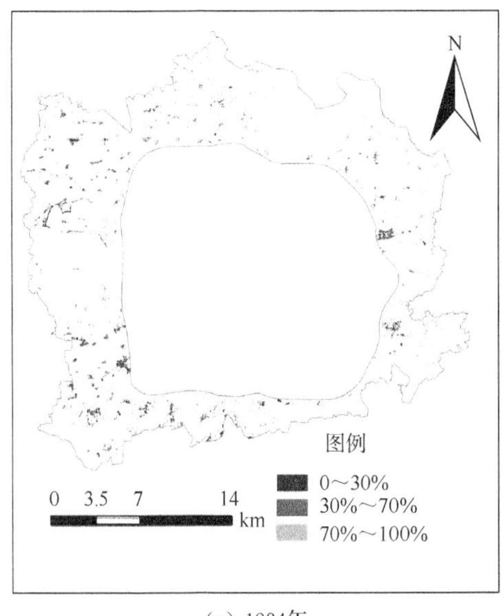

（a）1984年

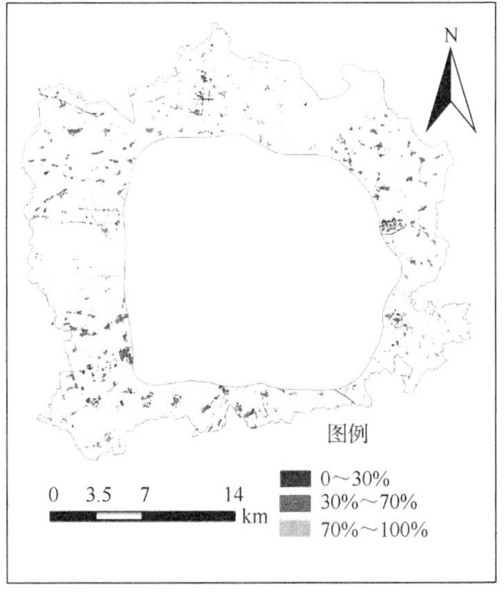

（b）1993年

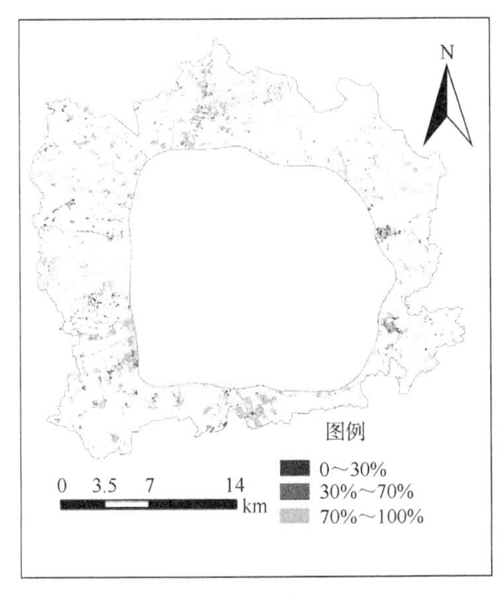

（c）2002年

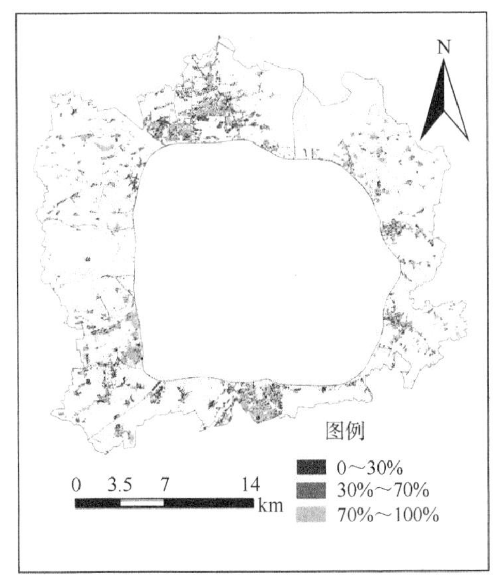

（d）2010年

图 4-11 哈尔滨市城乡结合部不透水面按比例分布图

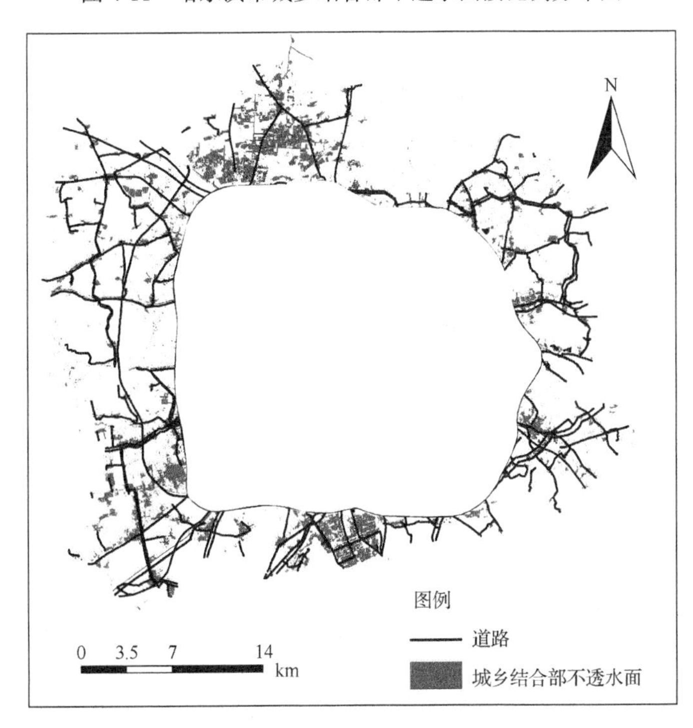

图 4-12 2010 年哈尔滨市城乡结合部不透水面和交通线相叠加图

由于城乡结合部土地利用变化快速而普遍，各种土地利用类型转换非常频繁，为了进一步了解各种土地利用类型之间的相互转换情况，本节采用决策树模型对哈尔滨市城乡结合部的 1984 年、1993 年、2002 年、2010 年土地利用信息进行提取，提取结果如图 4-13 所示，土地利用类型比例如图 4-14 所示。

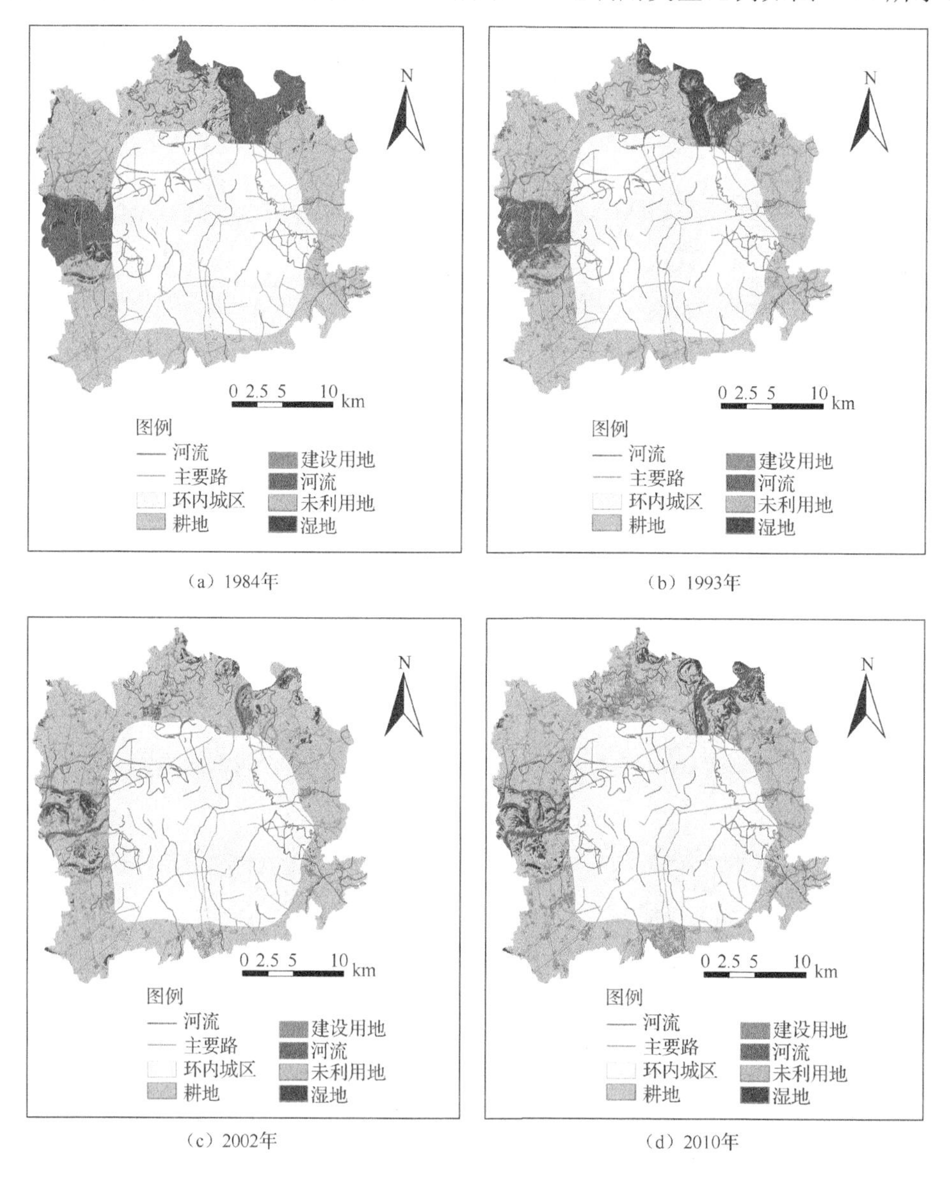

（a）1984年

（b）1993年

（c）2002年

（d）2010年

图 4-13　城乡结合部土地利用信息

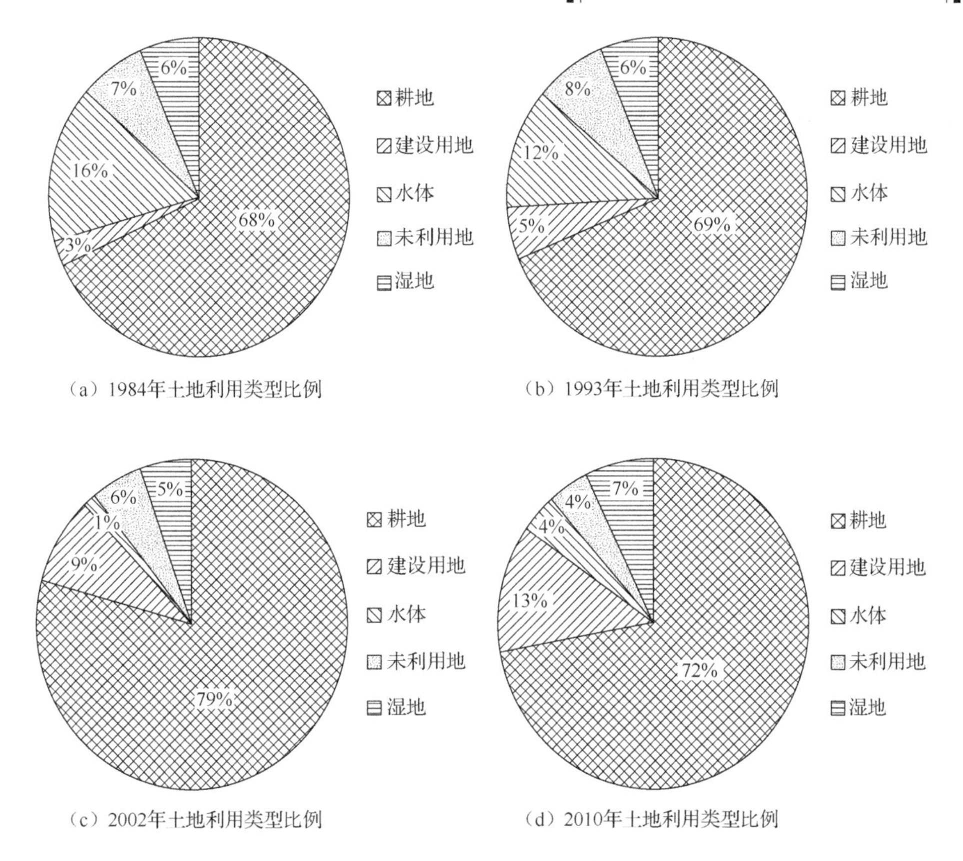

图 4-14 土地利用类型比例图

从图 4-14 中可以看出，耕地在 1984～2002 年一直处于增加状态，但是 2002～2010 年有所减少。建设用地所占的比例在 1984～2010 年一直处于增加状态，1984～1993 年由 3%增加到 5%，增加了将近 1 倍，到 2002 年增加到 9%，2010 年增加到 13%，2010 年建设用地所占的比例是 1984 年的 4 倍多。1984 年水体占所有土地利用类型的 16%、1993 年占 12%、2002 年占 1%、2010 年占 4%，可以看出水体的波动很大，分析原因可能是不同年份降水量不同，所以水体面积的波动很大。1984 年未利用地占所有土地利用类型的 7%、1993 年占 8%、2002 年占 6%、2010 占 4%，从数据可以看出未利用地大体上是随着年份不断减少的。1984 年湿地占所有土地利用类型的 6%、1993 年占 6%、2002 年占 5%、2010 年占 7%，可以看出湿地总体上变化并不大。

4.4.1 土地利用程度分析

对于土地利用的变化，人们不仅关注其面积的变化，还关注其利用程度以及利用程度的变化。对于区域土地利用程度和土地利用程度的变化分析，用得较多的是土地利用综合程度指数。土地利用综合程度指数的计算方法如下：

$$L = 100 \times \sum_{i=1}^{n} A_i \times C_i \tag{4-8}$$

式中，L 为某区域土地利用综合程度指数；A_i 为区域内第 i 级土地利用程度分级指数；C_i 为区域内第 i 级土地利用程度分级面积百分比；n 为土地利用程度分级数。

土地利用综合程度指数的意义在于它能反映区域土地利用的集约程度，适用于土地利用程度的综合评价。应用土地利用综合程度指数的关键在于土地利用程度的分级指数的设定。本书参照庄大方和刘纪远（1997）提出的土地利用程度分级标准，结合哈尔滨市的土地利用特点，将土地利用类型分为 4 级，分级标准见表 4-2。

表 4-2 土地利用类型分级表

	未利用地级	林、草、水用地级	农业用地级	城镇聚落用地级
土地利用类型	未利用地或者难利用地	林地、草地、水体、湿地	耕地、园地、人工草地	城镇、工矿用地、居民点、交通用地
对应研究区的土地利用类型	未利用地	水体、湿地	耕地	建设用地
分级指数	1	2	3	4

在土地利用的基础上，将哈尔滨市城乡结合部按照行政镇作为研究单元，计算 4 个时期各个镇级单位的土地利用综合程度指数（图 4-15）。从图 4-15 中我们可以看出，1984 年，位于香坊区的黎明镇（296）和朝阳镇（290）、位于道里区的榆树镇（287）、位于南岗区的王岗镇（282）、位于道外区的团结镇（282）的土地利用综合程度指数较高，分析其原因是这几个镇处于比较发达的区内，区域内的建设用地较多，所以土地利用综合程度指数相对较高。相比较来说，位于呼兰

区的呼兰街道（243）的土地利用综合程度指数较低，位于松北区的松北镇（215）的土地利用综合程度指数则更低。从区域方向上来看，哈尔滨市城乡结合部南部的土地利用综合程度指数要高于北部。

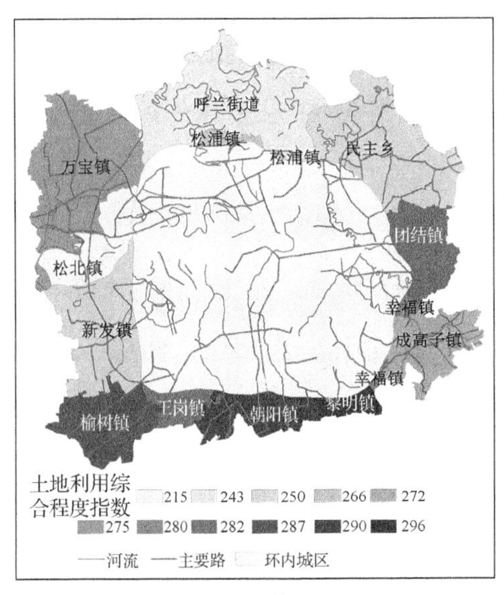

（a）1984年

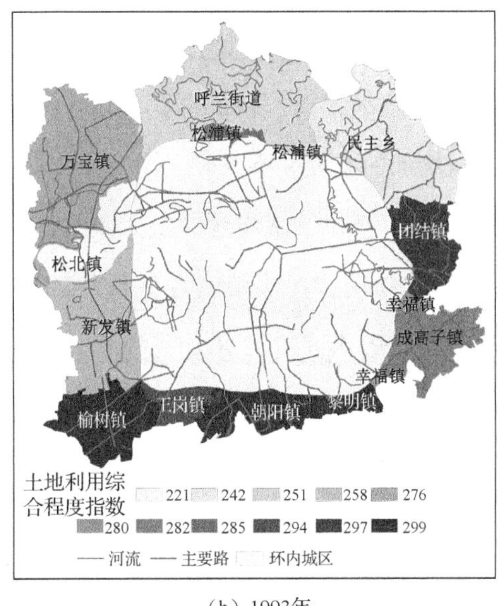

（b）1993年

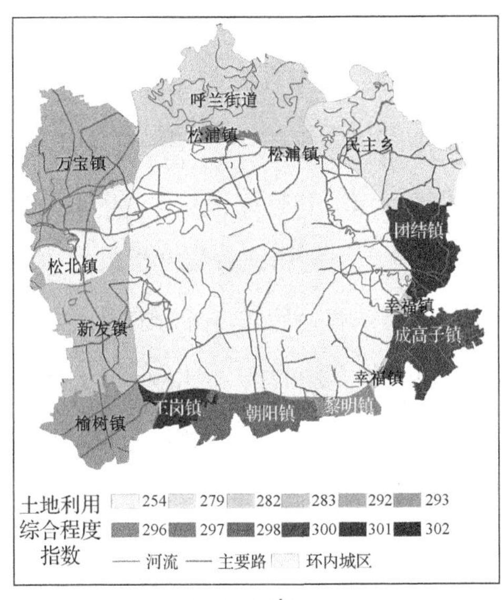

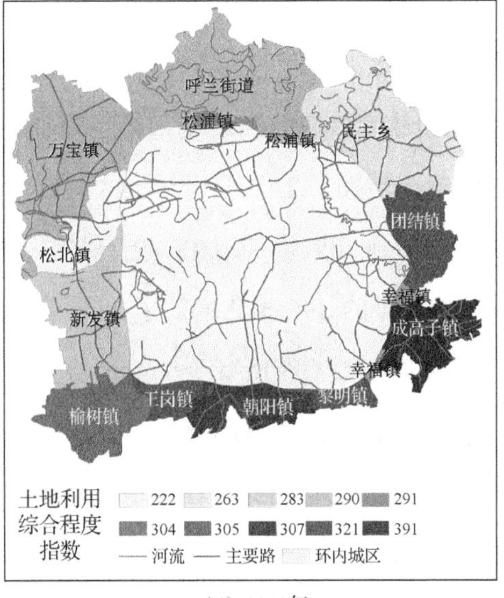

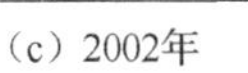

（c）2002年　　（d）2010年

图 4-15　土地利用综合程度指数图

1993 年位于香坊区的黎明镇、朝阳镇，位于道里区的榆树镇、位于南岗区的王岗镇和位于道外区的团结镇的土地利用综合程度指数较高。与 1984 年相比，位于道外区的民主乡的土地利用综合程度指数有所降低，位于呼兰区的呼兰街道的土地利用综合程度指数有所上升。1993 年土地利用综合程度指数的整体趋势与 1984 年几乎相同，不同的是，土地利用综合程度指数除民主乡以外都有所增加，但是增加的幅度并不大。

2002 年位于南岗区的王岗镇的土地利用综合程度指数达到 302，比 1993 年（294）增加了 8，团结镇为 301，比 1993 年（299）增加了 2。成高子镇增加得最快，由 1993 年的 282 增加到 300，增加了 18。而朝阳镇、黎明镇和榆树镇 3 个镇的土地利用综合程度指数都有所降低。但是与 1984 年、1993 年相比较，土地利用综合程度指数的整体趋势还是很相近的，仍然是位于道外区的民主乡和位于松北区的松北镇的土地利用综合程度指数比较低。

与 2002 年相比，2010 年有 4 个镇的土地利用综合程度指数变化值超过了 10，其中位于香坊区的成高子镇的土地利用综合程度指数达到最大值 391，与 2002 年的 300 相比增加了 91，成高子镇成为土地利用综合程度指数最大值的镇，同时也是增加速度最快的镇。朝阳镇也增加得很快，由 2002 年的 298 增加到 2010 年的 321，增加了 23。位于道里区的榆树镇的土地利用综合程度指数由 2002 年的 293 增加到 305，增加了 12，位于香坊区的黎明镇的土地利用综合程度指数为 307，与 2002 年的 296 相比增加了 11。而民主乡、松北镇和万宝镇 3 个镇的土地利用综合程度指数都有所减少。但是与 1984 年、1993 年、2002 年相比较，土地利用综合程度指数的整体趋势基本一致，仍然是位于道外区的民主乡和位于松北区的松北镇的土地利用综合程度指数比较低。4 个时期土地利用综合程度指数折线图如图 4-16 所示。

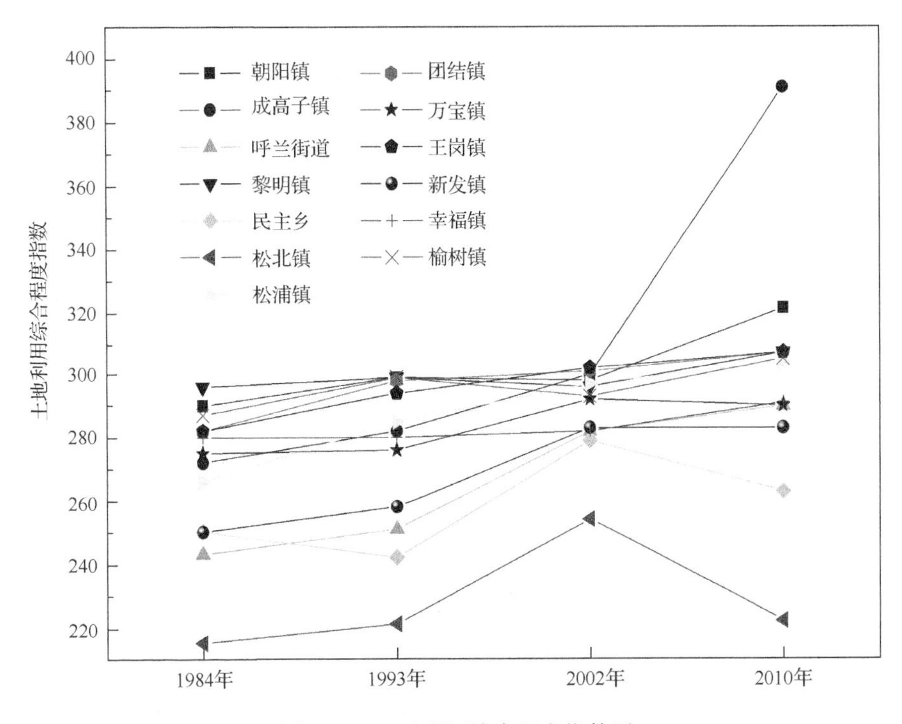

图 4-16　土地利用综合程度指数图

综合分析，从图 4-16 我们可以看出，1984 年 13 个乡镇的土地利用综合程度指数为 215～296、1993 年为 221～299、2002 年为 254～302、2010 年为 222～391。处于呼兰区的呼兰街道和松北区的松北镇的土地利用综合程度指数比较低，处于道里区的榆树镇和处于南岗区的王岗镇的土地利用综合程度一直都很高。整体来看，土地利用综合程度是不断地增加的，尤其是成高子镇增加得非常明显。但是从整体趋势来看，1984 年、1993 年、2002 年、2010 年的各个镇的土地利用综合程度指数的趋势大体上是一致的，整体表现为南部和东南部的土地利用综合程度要比北部和西部高一些。

4.4.2　土地利用变化区域差异

在土地利用的基础上，将哈尔滨市城乡结合部行政镇作为基本单元，计算 1984 年、1993 年、2002 年、2010 年土地利用综合程度指数，以此来表示人类对土地利用变化的影响程度，利用研究末期的指数减去研究初期的指数，得出土地利用综合程度变化指数（图 4-17）。

从图 4-17 中可以看出，1984～1993 年，朝阳镇、成高子镇、呼兰街道、黎明镇、松北镇、松浦镇、团结镇、万宝镇、王岗镇、新发镇、幸福镇、榆树镇等大多数区域的土地利用综合程度变化指数大于 0，只有民主乡的土地利用综合程度变化指数小于 0。其中，团结镇、松浦镇、榆树镇、王岗镇土地利用综合程度变化指数较高，分别为 18、16、16 和 12。分析其原因，团结镇 1984 年耕地面积为 40.26 km^2，到 1993 年增长到 41.13 km^2；建设用地面积由 1984 年的 1.1 km^2 增长到 1993 年的 3.02 km^2。松浦镇 1984 年耕地面积为 4.87 km^2，到 1993 年增长到 5.24 km^2；建设用地面积由 1984 年的 0.2 km^2 增长到 1993 年的 0.39 km^2。王岗镇 1984 年耕地面积为 14.71 km^2，到 1993 年增长到 16.23 km^2。榆树镇 1984 年耕地面积为 48.17 km^2，到 1993 年增长到 51.02 km^2；建设用地面积由 1984 年的 3.38 km^2 增长到 1993 年的 3.72 km^2。耕地面积和建筑面积的增长使得土地利用综合程度变化指数较大。在所有乡镇中之所以民主乡的土地利用综合程度变化指数为负值主要是因为民主镇的耕地面积由 1984 年的 67.68 km^2 减少到 63.93 km^2。1993～2002 年，大部分城市的土地利用综合程度变化指数仍然都大于 0，只有榆树镇和黎明镇的土地利用综合程度变化指数是小于 0 的。其中，民主乡、松北镇、呼兰街道、新发镇、成高子镇、万宝镇、松浦镇 7 个乡镇的土地利用综合程度变化指数都已超过了 10，其中民主乡、松北镇、呼兰街道分别为 37、32、31。分析其原因，民主乡 1993 年耕地面积为 63.93 km^2，到 2002 年增长到 91.67 km^2；建设用地面积由 1993 年的 6.8 km^2 增长到 2002 年的 11.51 km^2，增加将近 1 倍。松北镇 1993 年耕地面积为 11.69 km^2，到 2002 年增长到 21.81 km^2；建设用地面积由 1993 年的 1.83 km^2 增长到 2002 年的 8.17 km^2，增加了将近 4 倍。呼兰街道 1993 年耕地面积为 90.07 km^2，到 2002 年增长到 106.46 km^2；建设用地面积由 1993 年的 6.81 km^2 增长到 2002 年的 11.51 km^2。从这 3 个地方的土地利用类型的变化可以看出，这 3 个区域的未利用地、水体、湿地等土地利用类型转换为耕地和建设用地，导致土地利用综合程度变化指数较高。榆树镇和黎明镇的土地利用综合程度变化指数为负值，主要原因也是耕地面积减少。2002～2010 年，大部分城市土地利用综合程度变化指数仍然大于 0，尤其是成高子镇的土地利用综合程度变化指数非常大，变化值为 91。朝阳镇变化值也达到 23。民主乡、松北镇和万宝镇的土地利用综合程度变化指数都小于 0。

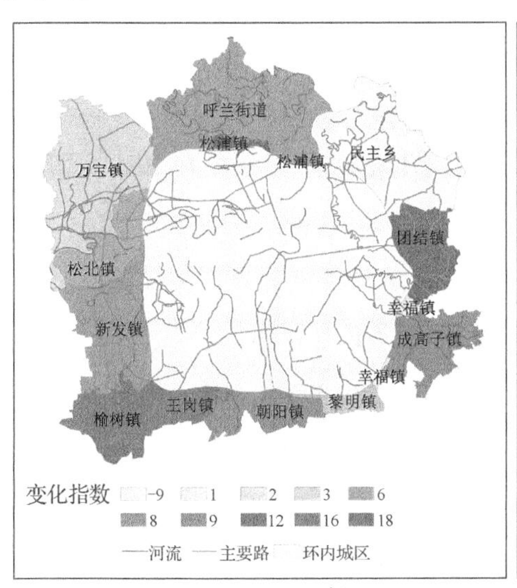

（a）1984～1993年

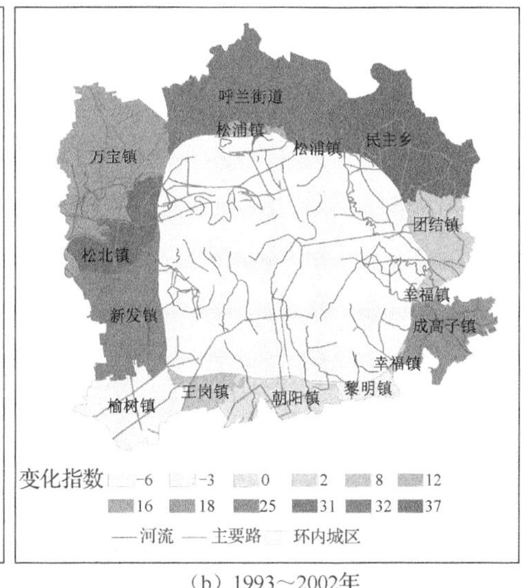

（b）1993～2002年

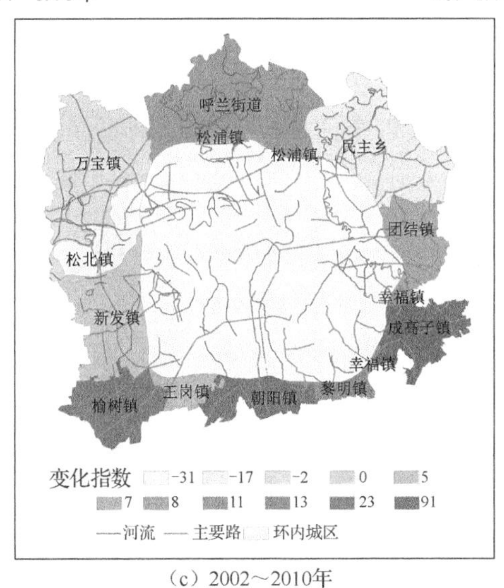

（c）2002～2010年

图 4-17　1984～2010 年土地利用综合程度变化指数图

三个阶段整体来看，哈尔滨市城乡结合部土地利用综合程度变化指数大体分为 4 种情况。朝阳镇、成高子镇、呼兰街道、松浦镇、团结镇、王岗镇、新发镇、幸福镇 8 个镇的土地利用综合程度变化指数都大于 0，说明该 8 个镇的土地利用综合程度变化指数 1984～2010 年一直都处于增加状态。成高子镇的土地利用综合程度变化指数一直处于上升的状态，而且上升得非常快，从 1984～1993 年的 9，到 1993～2002 年上升到 18，2002～2010 年已经上升到 91，说明 1984～2010 年成高子镇的土地利用综合程度在不断提高，而且很剧烈。与其有着相同趋势的是幸福镇，幸福镇从 1984～1993 年的 1，到 1993～2002 年上升到 2，2002～2010 年上升到 8，说明从 1984 年到 2010 年幸福镇的土地利用综合程度在不断提高，但是不如成高子镇那样剧烈。黎明镇和榆树镇的土地利用综合程度变化指数 1984～1993 年先增加、1993～2002 年减少、2002～2010 年又增加。松北镇和万宝镇的土地利用综合程度变化指数是 1984～2002 年一直都在增加，2002～2010 年又减少。只有民主乡与其他的乡镇不相同，1984～1993 年这段时间的土地利用综合程度变化指数是下降的、1993～2002 年上升、2002～2010 年又下降。

4.4.3 土地利用类型之间相互转化

土地利用类型转移矩阵可全面而又具体地刻画区域土地利用变化的结构特征与每个土地利用类型变化的方向。该转移矩阵来源于系统分析中对系统状态与状态转移的定量描述，为国际和国内常用的方法。转移矩阵的数学形式如公式（4-9）所示：

$$S_{ij}=\begin{bmatrix} S_{11} & S_{12} & S_{13} & \cdots & S_{1n} \\ S_{21} & S_{22} & S_{23} & \cdots & S_{2n} \\ \vdots & \vdots & \vdots & \vdots & \vdots \\ S_{n1} & S_{n2} & S_{n3} & \cdots & S_{nn} \end{bmatrix} \tag{4-9}$$

式中，S 为土地利用类型的面积；n 为土地利用的类型数；i 和 j 分别为研究期初与研究期末的土地利用类型。

1984 年-1993 年的土地利用转移矩阵如表 4-3 所示，1993 年-2002 年的土地利用转移矩阵如表 4-4 所示，2002 年-2010 年土地利用转移矩阵如表 4-5 所示。

表 4-3 1984 年-1993 年土地利用转移矩阵 （单位：km^2）

1984 年	1993 年				
	耕地	建设用地	水体	未利用地	湿地
耕地	448.92	20.96	6.19	27.23	2.00
建设用地	7.23	10.23	0.06	2.90	0.07
水体	3.44	0.40	68.86	8.85	34.70
未利用地	34.45	7.91	0.96	9.33	0.63
湿地	16.40	0.38	13.10	9.65	7.26

从表 4-3 可以看出，1984 年到 1993 年有 7.23 km^2 的建设用地转为耕地，有 3.44 km^2 的水体转为耕地，有 34.45 km^2 的未利用地转为耕地，有 16.40 km^2 的湿地转为耕地。有 20.96 km^2 的耕地转为建设用地，有 0.40 km^2 的水体转为建设用地，有 7.91 km^2 的未利用地转为建设用地，有 0.38 km^2 的湿地转为建设用地。有 6.19 km^2 的耕地转为水体，有 0.06 km^2 的建设用地转为水体，有 0.96 km^2 的未利用地转为水体，有 13.10 km^2 的湿地转为水体。有 27.23 km^2 的耕地转为未利用地，有 2.90 km^2 的建设用地转为未利用地，有 8.85 km^2 的水体转为未利用地，有 9.65 km^2 的湿地转为未利用地。有 2.00 km^2 的耕地转为湿地，有 0.07 km^2 的建设用地转为湿地，有 34.70km^2 的水体转为湿地，有 0.63 km^2 的未利用地转为湿地。对以上的数据总结可以得出，未利用地转为耕地的面积很大，应该是人口的增加加大了耕地的种植。同时耕地转为建设用地的面积也较大，应该是人口的增加，乡镇中原有的建设用地扩张占用了原有的耕地，使得乡镇附近的耕地转化为建设用地。水体转化为湿地的面积也非常大，从分类结果图 4-13 可以看出，松花江上游有大片的水体转为湿地。耕地转为未利用地的面积也较大，但是这应该是一些早熟的植物被收割了，裸土裸露，而未必是真正意义上的未利用地。

表 4-4　1993 年-2002 年土地利用转移矩阵　　（单位：km^2）

1993 年	2002 年				
	耕地	建设用地	水体	未利用地	湿地
耕地	470.67	18.87	0.12	13.61	7.18
建设用地	10.80	18.28	0.05	10.15	0.60
水体	43.91	11.71	3.37	8.16	22.03
未利用地	38.49	10.34	0.44	5.16	3.52
湿地	23.92	5.80	4.39	4.31	6.25

从表 4-4 可以看出，1993 年到 2002 年，有 10.80 km^2 的建设用地转为耕地，有 43.91 km^2 的水体转为耕地，有 38.49 km^2 的未利用地转为耕地，有 23.92 km^2 的湿地转为耕地。有 18.87 km^2 的耕地转为建设用地，有 11.71 km^2 的水体转为建设用地，有 10.34 km^2 的未利用地转为建设用地，有 5.80 km^2 的湿地转为建设用地。有 0.12 km^2 的耕地转为水体，有 0.05 km^2 的建设用地转为水体，有 0.44 km^2 的未利用地转为水体，有 4.39 km^2 的湿地转为水体。有 13.61 km^2 的耕地转为未利用地，有 10.15 km^2 的建设用地转为未利用地，有 8.16 km^2 的水体转为未利用地，有 4.31 km^2 的湿地转为未利用地。有 7.18 km^2 的耕地转为湿地，有 0.60 km^2 的建设用地转为湿地，有 22.03 km^2 的水体转为湿地，有 3.52 km^2 的未利用地转为湿地。与 1984 年到 1993 年的土地利用类型转换很不相同，1993 年到 2002 年未利用地、水体和湿地转为耕地的面积都很大。同时，耕地和未利用地转为建设用地的面积也较大，可能是乡镇中的建设用地扩张占用了原有的耕地，同时又有很多的未利用地被建设用地所占用。

表 4-5 2002 年-2010 年土地利用转移矩阵 （单位：km^2）

2002 年	2010 年				
	耕地	建设用地	水体	未利用地	湿地
耕地	487.22	42.95	8.92	21.30	27.40
建设用地	17.93	31.73	5.77	5.28	4.28
水体	0.02	0.11	8.18	0.01	0.05
未利用地	15.57	16.25	1.74	3.17	4.67
湿地	14.84	2.62	3.19	3.92	15.00

从表 4-5 可以看出，2002 年到 2010 年有 17.93 km^2 的建设用地转为耕地，有 0.02 km^2 的水体转为耕地，有 15.57 km^2 的未利用地转为耕地，有 14.84 km^2 的湿地转为耕地。有 42.95 km^2 的耕地转为建设用地，有 0.11 km^2 的水体转为建设用地，有 16.25 km^2 的未利用地转为建设用地，有 2.62 km^2 的湿地转为建设用地。有 8.92 km^2 的耕地转为水体，有 5.77 km^2 的建设用地转为水体，有 1.74 km^2 的未利用地转为水体，有 3.19 km^2 的湿地转为水体。有 21.30 km^2 的耕地转为未利用地，有 5.28 km^2 的建设用地转为未利用地，有 0.01 km^2 的水体转为未利用地，有 3.92 km^2 的湿地转为未利用地。有 27.40 km^2 的耕地转为湿地，有 4.28 km^2 的建设用地转为湿地，有 0.05 km^2 的水体转为湿地，有 4.67 km^2 的未利用地转为湿地。这与 1993 年到 2002 年有着相同的趋势，仍然有大面积的耕地和未利用地转为建设用地。

5 城市不透水面变化影响因素分析

土地利用变化影响因素研究对于准确判断城市发展规律、剖析城市演化过程具有重要的意义，同时也可以为制定合理的调控政策提供指导。哈尔滨市是黑龙江省省会，近些年随着经济的发展，城市不透水面面积增加很快，虽然哈尔滨市城乡结合部和中心城区不透水面都在不断变化，但是由于两个区域的不同地域特色，不透水面变化的影响因素是不同的。因此本章将哈尔滨市城乡结合部和中心城区分开，分别研究其城市不透水面变化的影响因素，对于深入分析哈尔滨市的城市扩展有很重要的意义。不透水面作为一种典型的地表覆被组分，可以有效描述地表覆被变化的空间渐变特征。不透水面是城市环境质量、城市生态系统明显的指示性因子，其增长水平与城市人口数量、城市发展战略目标、城市总体规划等驱动因素密切相关，对城市的健康可持续发展影响显著（魏锦宏等，2014）。史培军等（2000）在《地理学报》上发表的《深圳市土地利用变化机制分析》一文中，将土地利用变化机制分成外在驱动因素和内在因素两种，其中总人口、国民生产总值、基本建设投资、外资利用额、第一至第三产业产值分别占国内生产总值的百分比等几个因子被归为土地利用变化的外在驱动因素，距交通干线的距离、距城市中心区的成本距离、高程与坡度、与相邻土地利用类型的距离等交通条件、地形条件和土地利用现状等因素被归为土地利用变化的内在因素。本书参照史培军等（2000）的研究思路，将人口因素、经济因素和规划引导因素归为城市不透水面变化的外在驱动因素进行定性分析，将坡度、坡向、DEM、距河流距离、距高速公路距离、距铁路距离、距主要路距离和距 1984 年城区距离 8 种因子归为城市不透水面变化的内在因素进行定量分析。

5.1 不透水面变化的外在驱动因素

随着经济的发展，城市不透水面的增长受到人口因素、经济因素、规划引导因素等多方面的影响。人口因素（人口增长）对城市不透水面扩展有着刺激性的作用。它是人类社会经济因素中的主要因素，也是比较活跃的城市土地利用变化的驱动因素（张富刚等，2005）。经济因素包括经济产业结构布局、交通条件、城镇化情况、市场化条件、商业贸易的发展等（周李萌，2010）。这些因素的变化方向和程度都直接或者间接地影响着土地利用的变化（詹晓红，2009）。在现实生活中，城市的规划导向也是城市不透水面增加的主要影响因素之一。

在城市扩展的过程中，城市用地是城市中一切社会经济活动的物质基础，也是居民生产和生活的物质源泉。郑云（2005）在他的研究中指出“如果把土地利用看作一个开放性的系统，人口则是该系统的组织者、参与者和消费者，人口作为组织者通过生产技术、活动方式调节和组织土地利用结构；土地为人类提供了生存和生活的居住地，人类又是土地系统的参与者；人口作为消费者消耗土地利用系统的产品，增加了土地生态系统的压力”。1984 年哈尔滨市市区人口是 259.21 万，到了 2010 年市区人口增加到 471.79 万。26 年间哈尔滨市市区人口增加了 0.82 倍。围绕人口的生产和生活需要，需要大量的建设用地来满足其空间扩展的需要。人口增多，相应的住房、道路、工厂、学校、商场等一系列的配套设施都会增多。而且随着人们生活水平的提高，人们在追求物质生活的同时也会更加追求精神生活，相应的一些旅游、健身和娱乐场所也会增多，这样也会使建筑增加，不透水面就会随之增加（宋庆国，2005）。

牟凤云等（2007）在研究中指出，城市用地实质上是一个综合的经济问题。随着社会主义市场经济不断发展，市场经济体制的调控作用对土地资源的开发利用具有十分明显的作用。国内生产总值（gross domestic product，GDP）是指在一定时期内，一个国家或地区的经济中所生产出的全部最终产品和劳务的价值，常被公认为衡量国家经济状况的最佳指标。1984 年哈尔滨市的 GDP 为 68.8 亿元，

2010 年为 4550.2 亿元，26 年间增长了 65.14 倍。第二、第三产业生产总值由 1984 年的 52.6 亿元，增加到 2010 年的 4043.4 亿元。第二、第三产业的比例由 1984 年的 76.45%增加到 2010 年的 88.86%。第二产业的发展使工业用地面积不断扩大的同时带动大量的人口向城市涌进，使城市住房用地也随之增加。第三产业的发展也会使城市不透水面不断增加。在经济快速增长的情况下，居民收入也不断增加。Brueckner（2000）的研究认为居民收入增加是城市空间扩展的主要驱动因素之一。哈尔滨市 1984 年平均工资为 996 元，2010 年为 32 397 元。2010 年的平均工资为 1984 年平均工资的 32.53 倍。人们在生活富足的情况下，很多人投资买房，这样就带动了房地产行业的发展，也使城市不透水面增加。

1984 年通过的《中共中央关于经济体制改革的决定》确立改革的重心从农村转向城市。在这样一个政策的引导下，城市不透水面必然增加。“十五”期间（2001～2005 年），哈尔滨城市规划审批运行机制进行了改革，五年间共审批各类建设项目 5623 个，占地面积 41.27 km^2，建筑面积 3672 万 m^2，其中住宅危房棚户区改造项目 80 余个，城市基础设施建设项目 1500 余个（俞滨洋和陈烨，2006）。“十五”期间，哈尔滨市建成区面积由 2000 年的 211 km^2 增加到 2005 年末的 318 km^2。“十一五”期间（2006～2010 年），哈尔滨市城市建设用地达到 359.2 km^2，新增用地 56.8 km^2。

5.2 不透水面变化的内在驱动因素

5.2.1 增强回归树

增强回归树（boosted regression tree，BRT）是基于分类回归树算法的一种集成学习方法，该方法通过随机选择和自学习方法产生多重回归树，能够提高模型的稳定性和预测精度（李春林等，2014；Elith et al.，2008）。增强回归树算法是最小化损失函数通过反复拟合新树去预测前面树的残差数值的优化技术。增强回归树在运算过程中多次随机抽取一定量的数据，分析自变量对因变量的影响程度，剩余数据用来对拟合结果进行检验，最后对生成的多重的回归取平均值并输出。利用增强回归树来研究城市扩展，不仅能得出各个驱动因子相对影响的大小，而且能够得出相对影响随每个驱动因子变化的关系，可以获得准确、直观的结果（廖吉善，2011；Freund and Schapire，1997）。

模型中的因变量是哈尔滨市 1984～2010 年不透水面的增加情况。用 2010 年哈尔滨市城乡结合部和中心城区的城市不透水面与 1984 年的城市不透水面作差运算，得到哈尔滨市 1984～2010 年城市不透水面的变化值。0 表示 1984 年和 2010 年都不是城市不透水面，证明该区域无新的建筑。大于 0 表示 1984 年为非不透水面，2010 年为不透水面，或者 2010 年不透水面的比例大于 1984 年，证明此区域建筑物有所增加，将大于 0 的值赋为 1，将此变化值作为因变量。选取坡度、坡向、DEM、距河流距离、距高速公路距离、距铁路距离、距主要路距离和距 1984 年城区距离 8 种因子。8 种因子是通过 ArcGIS 中的 Spatial Analyst Tool 模块得到的。在 ArcGIS 中随机生成 10 000 个样本点，然后将各个图层中的点对应的属性值导出，将数据导入 R 软件中进行增强回归树分析。选用的是当前应用较多的 AdaBoost.MI。调用 Elith 编写程序进行增强回归树分析，设置学习速率为 0.005，每次抽取 50%的数据进行分析，另外 50%用于训练，并进行 5 次交叉验证。在 R 软件中进行 BRT 运算，在城乡结合部的 BRT 运算中接受者操作特征曲线（receiver operating characteristic curve，ROC）值为 0.908，在中心城区的 BRT 运算中 ROC 值为 0.923，证明增强回归树分析结果真实有效。

5.2.2 中心城区不透水面变化影响因素

哈尔滨市中心城区的 8 种驱动因子如图 5-1 所示。DEM 为 98～199 m，整体来看，北部 DEM 要低于南部。距 1984 年城区距离为 0～11 433.9 m，整体来看，距中心城区的距离较均匀，西北部要比其他方向稍大一点。由于中心城区的高速公路、主要路和铁路都比较多，而且是沿着各个方向分布的，所以从图上来看，距离的远近是沿着路呈带状分布的。

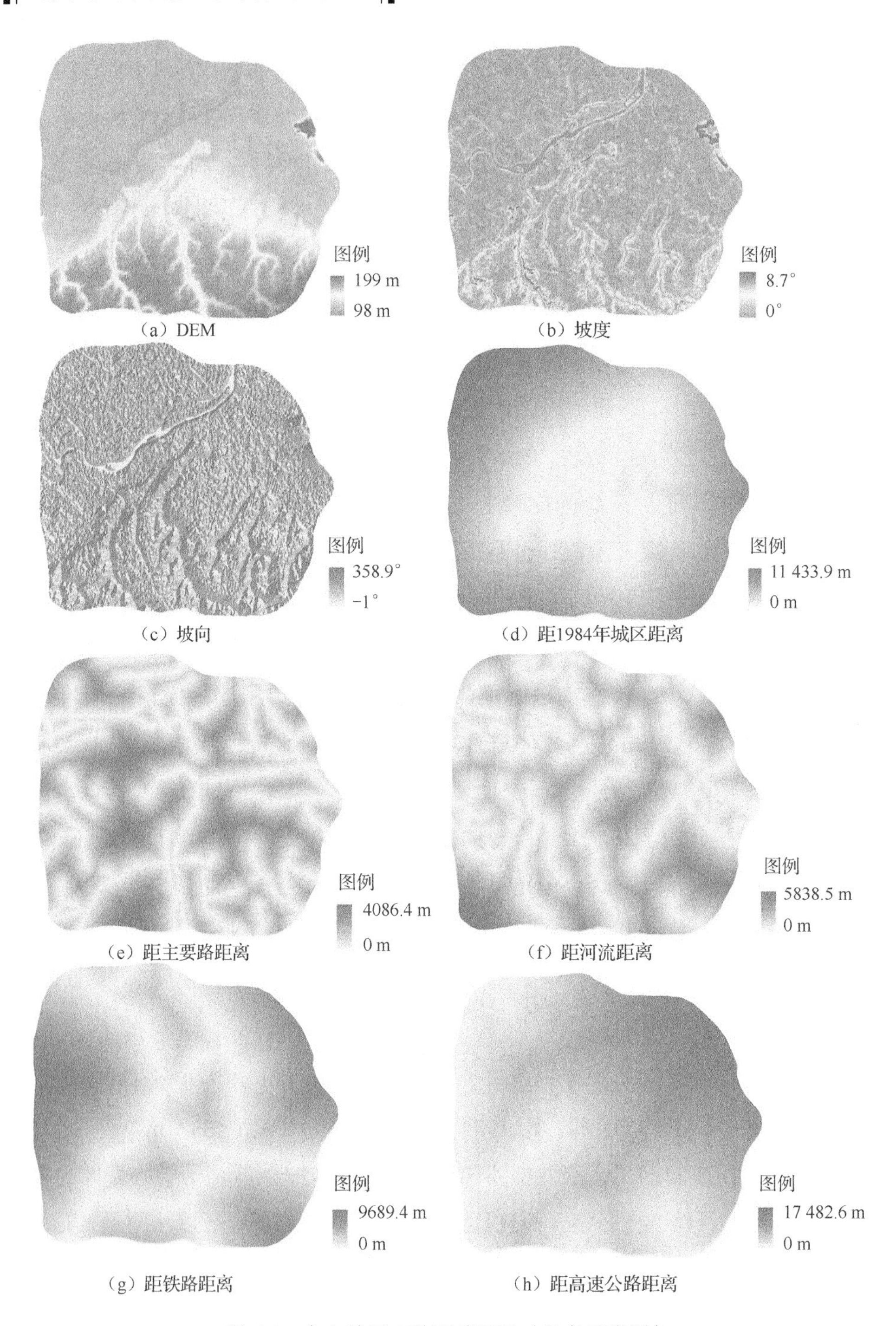

图 5-1　中心城区 8 种驱动因子（见书后彩图）

通过增强回归树分析了各因子对哈尔滨市中心城区不透水面变化的影响，其中影响最大的因子是距1984年城区距离，其贡献率最大，为29.0%。其他驱动因子的贡献率从大到小依次是DEM（13.4%）、距高速公路距离（12.4%）、距铁路距离（12.2%）、距河流距离（10.3%）、距主要路距离（9.9%）、坡度（6.8%）、坡向（6.0%）。通过分析可以看出邻域因子（距1984年城区距离、距高速公路距离、距铁路距离、距河流距离、距主要路距离）对中心城区不透水面影响较大，5个邻域因子对中心城区不透水面的相对影响在所有因子中排1、3、4、5、6位，总的贡献率达到73.8%。DEM对中心城区不透水面的增加也起到很大的作用，其贡献率为13.4%，在8个因子中排第2位。

图5-2是各个驱动因子对中心城区不透水面变化的相对影响曲线，此曲线表示随着驱动因子取值的变化，其对城市不透水面影响力的变化。其中相对影响数值大于0表示驱动因子对中心城区不透水面增加的影响是正相关关系，小于0表示驱动因子对中心城区不透水面的影响是负相关关系，零值则表示两者没有关系（李春林等，2014）。距城区的距离反映了地理区位的重要性，哈尔滨市中心城区作为哈尔滨市的中心地带向周围提供货物等，中心城区的影响效应随着距离的增大而减弱。从距1984年城区的距离的相对影响可以看出，影响力是随着距离的增大而减弱的。在距1984年城区的距离4300 m以内时，距1984年城区的距离对中心城区不透水面的影响是正相关关系，而且距离城区越近，影响力越大。距1984年城区距离大于4300 m时，对中心城区不透水面的影响变为负值，此时距1984年城区的距离对中心城区不透水面有限制作用。当距1984年城区的距离大于10 000 m时，已经超出了城市的辐射效应范围，距1984年城区的距离对中心城区不透水面几乎没有影响。哈尔滨市属于平原地区，地势平坦、海拔较低，在DEM为120～165 m时相对影响为正值，表明该范围内的海拔比较适合城市的发展，由于哈尔滨市内有一些河流存在，海拔过高或者过低都会对城市的扩展有限制作用。高速公路、铁路和主要路等道路是现代城市人流、物流的主要运输载体，对城市的空间扩展有十分重要的意义，直接影响城市扩展的方向。从图中可以看出，距铁路5600 m、距主要路1000 m时相对影响为正值，说明在此范围内能带动社会经济的发展，引起城市沿路扩展。

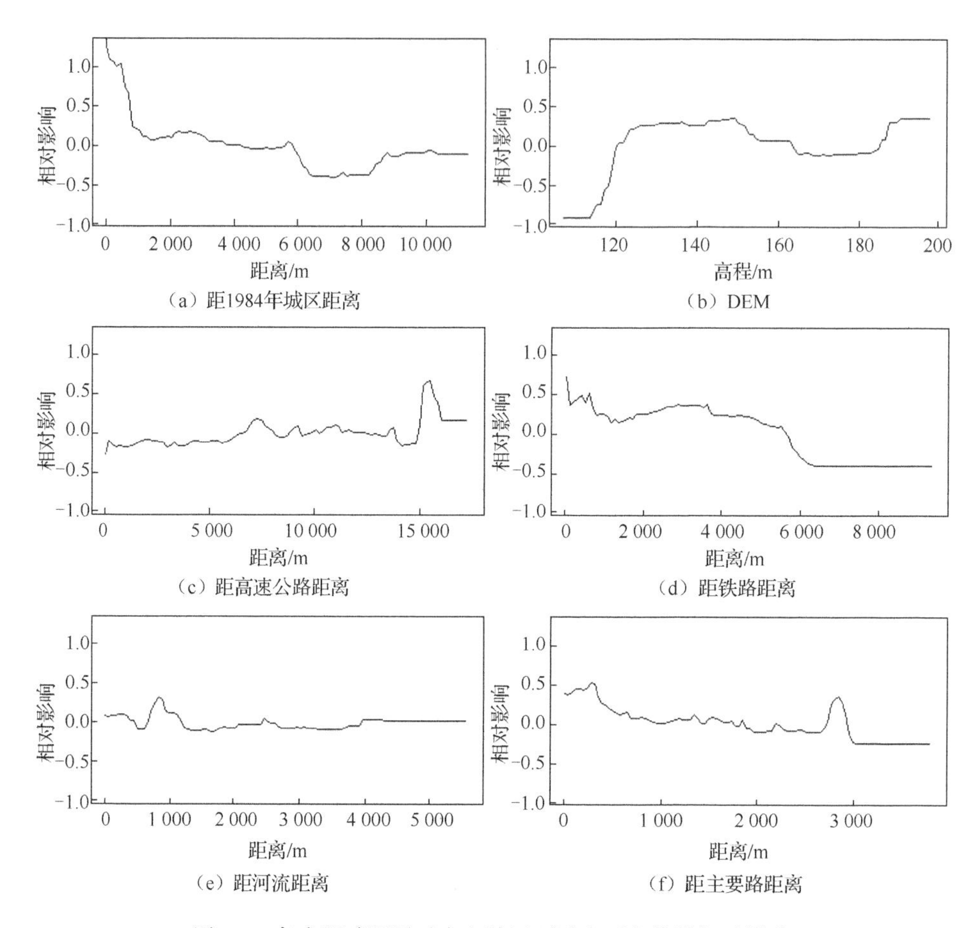

（a）距1984年城区距离

（b）DEM

（c）距高速公路距离

（d）距铁路距离

（e）距河流距离

（f）距主要路距离

图 5-2　各个驱动因子对中心城区不透水面变化的相对影响

5.2.3　城乡结合部不透水面变化影响因素

哈尔滨市城乡结合部的 8 种驱动因子如图 5-3 所示。DEM 为 106～203 m，与中心城区有相同的趋势，整体来看北部 DEM 要低于南部。由于城乡结合部分布在松花江的两侧，所以距河流的距离是沿着松花江向两侧由近及远分布。主要路分布比较广泛，距主要路的距离为 0～12 742.4 m，但是除了北部以外，东部、南部和西部距主要路的距离都比较小。距 1984 年城区的距离为 3561.4～22 790.4 m，东部和南部要比西部和北部的距离小一些。

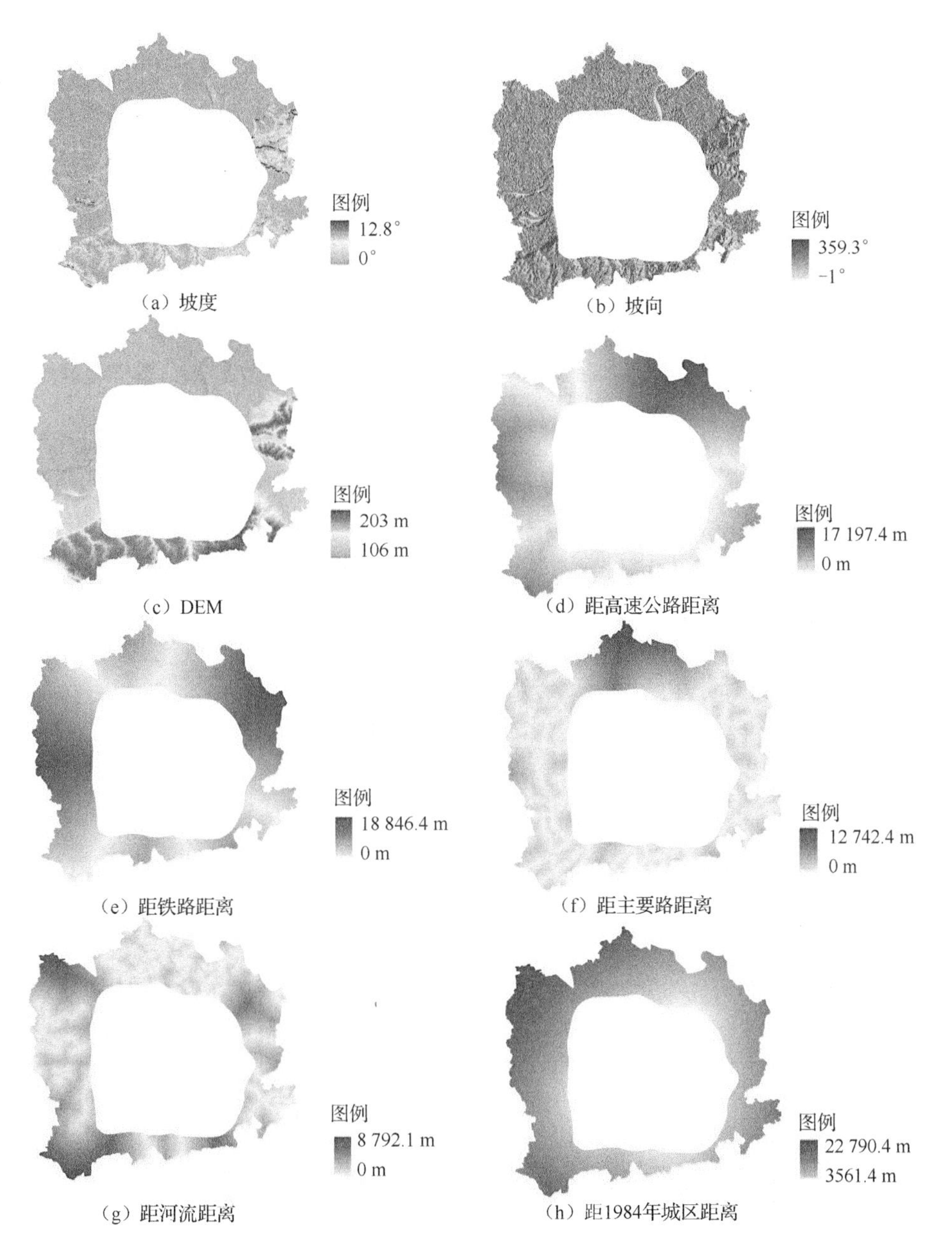

图 5-3 城乡结合部 8 种驱动因子（见书后彩图）

图 5-4 为各个驱动因子对城乡结合部不透水面变化的相对影响曲线。通过对图 5-4 分析可以看出，邻域因子对城市不透水面的影响较大，5 个邻域因子对城市

不透水面的相对影响在所有因子中排前 5 位，总的影响达到 79.9%，说明邻域因子对哈尔滨市城乡结合部不透水面变化的影响很大。其中距高速公路距离的贡献率为 20.6%；距 1984 年城区距离的贡献率为 19.5%；距铁路距离的贡献率为 14.6%；距主要路距离的贡献率为 13.8%；距河流距离的贡献率为 11.4%。自然因子中，DEM 对城乡结合部不透水面的贡献率较高为 7.9%。坡度对城乡结合部不透水面的贡献率为 6.4%；坡向对城乡结合部不透水面的贡献率为 6%。在距高速公路 6700 m 以内时相对贡献率为正值，在这个范围内随着距高速公路距离的增加贡献率逐渐变小。中心城区与城乡结合部在地域上是相互依赖、相互服务的。哈尔滨市城乡结合部为城市提供水果、蔬菜等产品。从距 1984 年城区距离的贡献率可以看出，贡献率是随着距离的增大而减弱的。在距 1984 年城区 9000 m 以内时，距 1984 年城区距离对城乡结合部不透水面的贡献率是正相关关系，而且距离城区越近，贡献率越大。距 1984 年城区距离大于 9000 m 时贡献率变为负值，此时距 1984 年城区距离对城乡结合部不透水面的增加有限制作用。

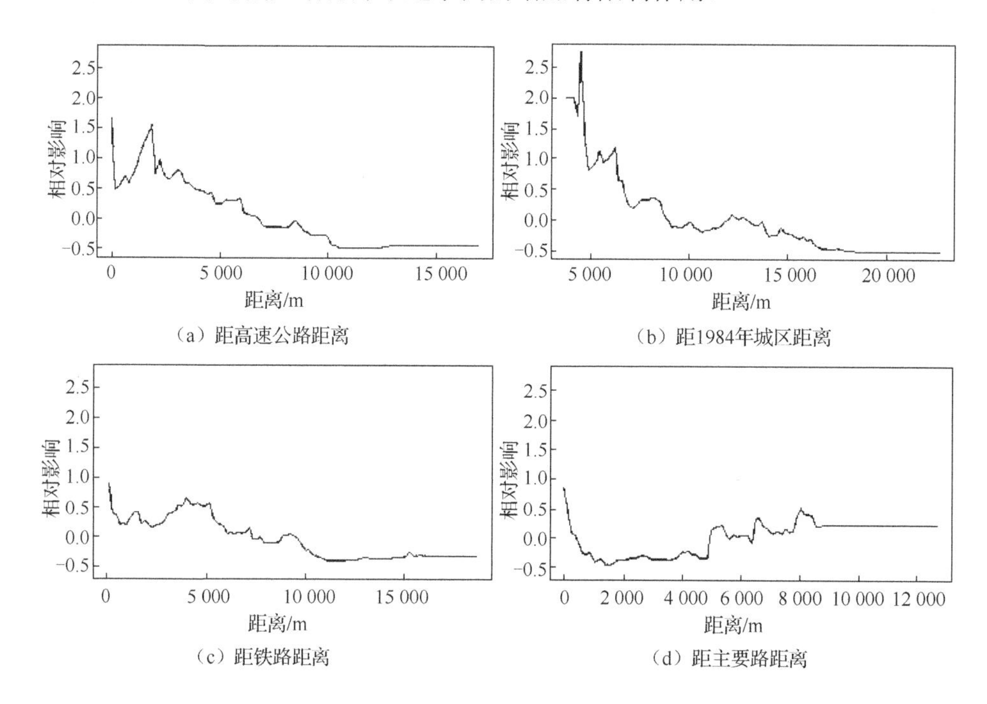

（a）距高速公路距离

（b）距1984年城区距离

（c）距铁路距离

（d）距主要路距离

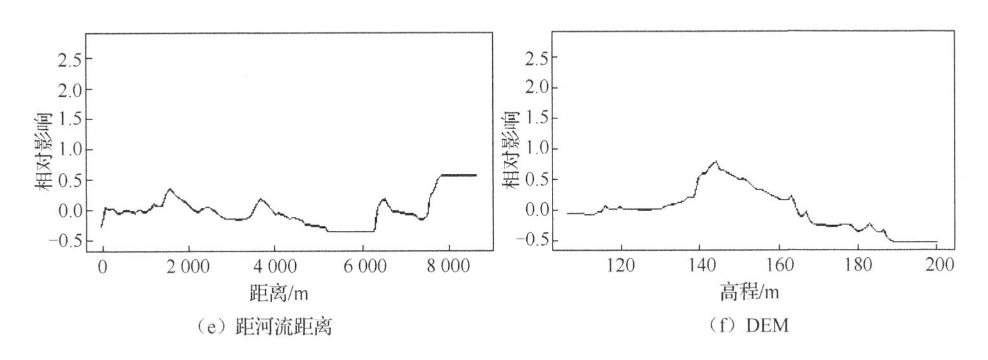

（e）距河流距离　　（f）DEM

图 5-4　各个驱动因子对城乡结合部不透水面变化的相对影响

5.3　中心城区和城乡结合部不透水面变化影响因素对比分析

从各个驱动因子对哈尔滨市中心城区和哈尔滨市城乡结合部不透水面的相对影响可以看出，这两个区域存在一定的差异性，如图 5-5 所示。城乡结合部的发展很大一部分依赖于周围的交通情况，只有交通畅通才会发展起来。距 1984 年城区的距离也是一个主要的影响因素，因为城乡结合部的发展依赖于中心城区的经济、技术等很多方面的因素。而中心城区主要是从中心向四周不断扩展的，所以距 1984 年城区的距离对于 1984～2010 年中心城区的扩展有很大的影响。在中心城区扩建的过程中 DEM 也是一个主要的因素。

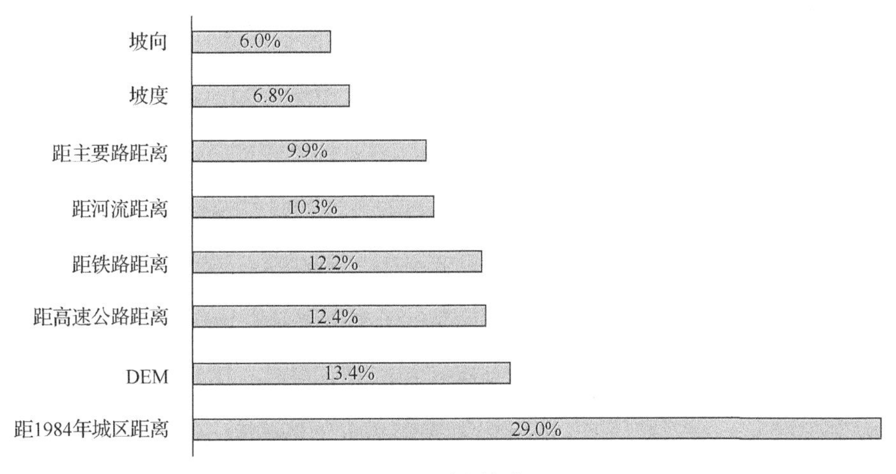

（a）中心城区

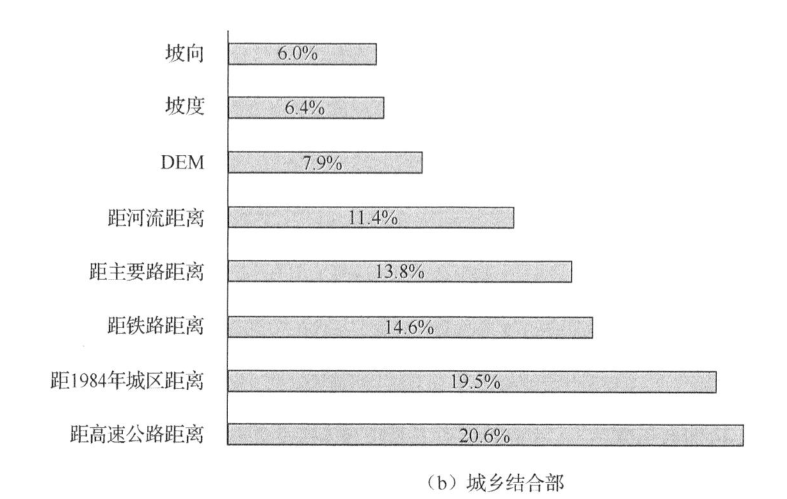

（b）城乡结合部

图 5-5　各个驱动因子对不透水面变化的相对影响

从各个驱动因子对城市不透水面扩展的相对影响可以看出，哈尔滨市城乡结合部的扩展为轴线扩展，沿主要对外交通线呈带状扩展模式。公路、铁路、主要路、河流等交通因素能有效地带动周边地区的发展，使得城市沿着道路和河流的方向扩展，从而导致道路沿线和河流沿岸的城市扩展速度较快。哈尔滨市中心城区的扩展主要为边缘型增长，距城市边缘越近的地方越容易发展为城市。但是总体来说，邻域因子对城市增长的影响很大，它是城市扩展的主要驱动因素。

6 城市地表组成对地表温度的影响

地表温度是研究地表和大气间物质交换和能量转换的重要参数。地表温度是气候变化、辐射平衡、热量平衡研究中的一个重要因素，也是气候模型中的重要气候参数，在气候、水文、生态环境和生物地球化学等领域都有非常重要的应用价值，是用来监测地球资源与生态环境动态变化的一个主要指标。在城市内部，地表温度是城市环境的组成要素之一，受地表的物理性质和人类活动共同影响，是城市生态环境状况的综合概括和体现（Roberts et al.，2012）。早期主要通过地面气象站监测地表温度数据，而气象站站点配置成本高且站点分布有限，缺乏详细的空间信息，不能在较大空间尺度下获取数据。为解决地表温度数据在空间尺度上的不足问题，基于边界层并考虑人工热源分布的数值模拟技术来重建地表温度格局，可研究多尺度下温度时空变化和地表能量平衡。该方法虽有较好的空间特征，但是空间分辨率较低且更偏重于大气环境问题的研究，适合较大尺度城乡温度差异研究分析，并且实验室模拟数值不能表现实际复杂的城市热环境。后期卫星遥感技术为地表热环境研究提供了新的方法，Rao（1972）首次利用热红外遥感数据研究美国中部沿海城市热岛效应，卫星遥感技术即成为目前研究城市热岛效应的主要方法。不同空间分辨率遥感影像的热红外数据，如 NOAA/AVHRR、Landsat TM/ETM、MODIS 及 ASTER 等，均可以采用不同算法对地表温度进行反演，以揭示地表热环境机制。目前比较成熟的反演算法主要是分裂窗算法（也称劈窗算法）、单窗算法和温度/比辐射率分离算法。城市下垫面的空间异质性及其急剧变化的景观格局特征导致地表温度空间格局也异常复杂。遥感影像以像元为基本单位来存储地表物质信息，由于技术的限制，高空间、高时间分辨率的热红外数据获取仍然是个难题。地表覆盖类型不同，像元尺度下地表温度也不相同，在此基础上，研究者选取与地表温度有关的参数，尝试通过建立不同粒度上地表温度与相关参数的统计模型，利用各种数学模型（二项式最小二乘回归、线性回归、决策树回归等）估算地表温度（彭文甫等，2011；Todd and Hoffer，1998；Smith et al.，1990）。本章以哈尔滨市为例，对研究区 2000 年、2006 年、2010 年和 2015 年地表温度进行反演，分析研究区热环境年际空间变化特征及热场显著区域；提取热岛效应显著区域典型地表物质组成（不透水面、水体、植被、土壤）信息，研究不同地表组成对地表温度的影响，通过多种模型研究地表组成与地表温度的关系；利用地表物质组成的全局自相关指数和局部自相关指数，分析空间分布特征，计算不透水面、植被、土壤、水体的局部自相关指数，研究其聚集度与地表温度的相关性；对不同盖度人工地表物质组成（不透水面）、植被的局部自相关指数进行计算，研究两者空间分布特征变化对地表温度的影响。

6.1 数据采集及预处理

2000 年、2006 年、2010 年 Landsat 5 TM 和 2015 年 Landsat 8/OLI 共计 4 组遥感影像数据信息（表 6-1）均从美国地质调查局网站下载，影像（UTM 投影系统和 WGS84 坐标系）在研究区范围内均没有云干扰，质量较好且数据类型为 L1T 产品。不同传感器影像数据参数见表 6-2，利用 ERDAS 的多项式几何校正模块采样 60 个 GCP 作地形数据参与几何校正，残差小于 0.5 个像元。采用 ENVI 遥感影像处理软件中提供的 Landsat Calibration 模块对多光谱波段及热红外波段进行辐射定标，将 DN 分别转换成星上反射率和亮度温度值（图 6-1 和图 6-2），热红外波段数据重采样至 30 m 分辨率。

表 6-1 影像数据信息

影像获取时间	影像行列号	数据类型
2000/9/26	p118, r28	L1T
2006/9/27	p118, r28	L1T
2010/9/22	p118, r28	L1T
2015/9/20	p118, r28	L1T

表 6-2 Landsat 5 和 Landsat 8 各波段参数对比

波段名称	波段（Landsat 5）	频谱范围/μm	空间分辨率/m	波段（Landsat 8）	频谱范围/μm	空间分辨率/m
Blue	B1	0.45～0.52	30.00	B2	0.450～0.515	30.00
Green	B2	0.52～0.60	30.00	B3	0.525～0.600	30.00
Red	B3	0.63～0.69	30.00	B4	0.630～0.680	30.00
Near IR	B4	0.76～0.90	30.00	B5	0.845～0.885	30.00
SWIR	B5	1.55～1.75	30.00	B6	1.560～1.660	30.00
TIRS1	B6	10.40～12.5	120.00	B10	10.60～11.200	100.00
SWIR	B7	2.08～2.35	30.00	B7	2.100～2.300	30.00

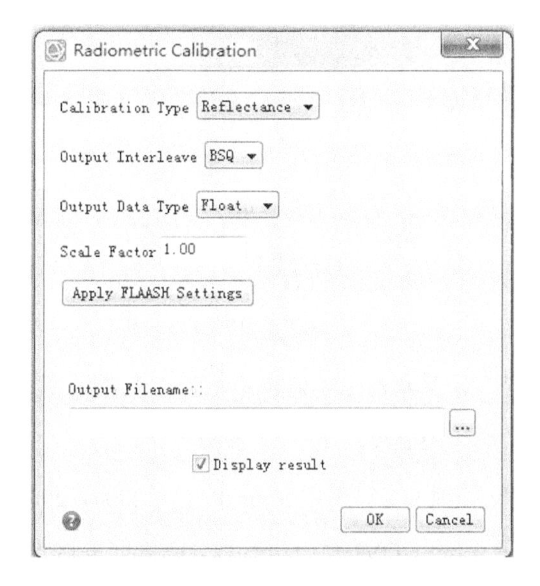

图 6-1 多光谱数据反射率转换面板

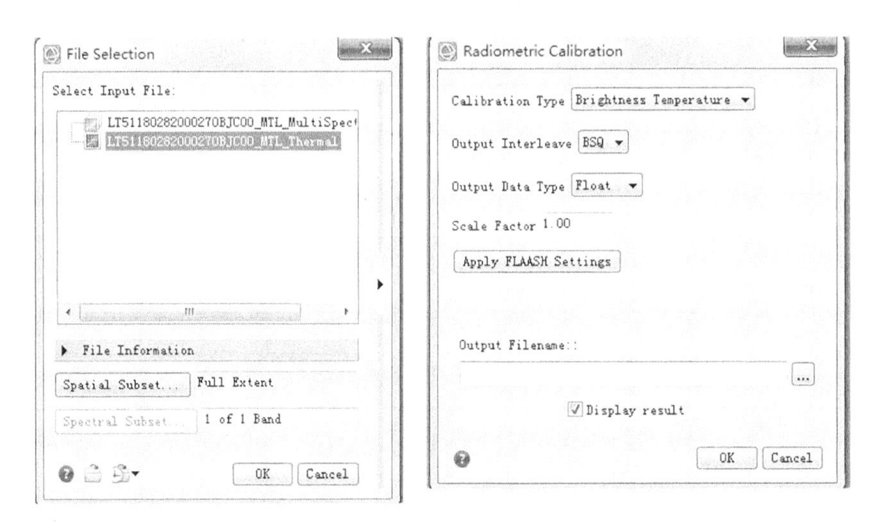

图 6-2　热红外波段数据亮度温度校正面板

6.2　地表温度反演及城市热环境分析

6.2.1　地表温度反演与温度年际变化分析

为了准确获取地表温度值，采用覃志豪等（2001）提出的单窗算法（mono-window algorithm，MWA），如公式（6-1）反演地表温度：

$$T_s = \frac{-67.355\,351(1-C-D)+[0.458\,606(1-C-D)+C+D]T-DT_a}{C} \tag{6-1}$$

且

$$C = \varepsilon\tau$$

$$D = (1-\tau)[1+(1-\varepsilon)\tau]$$

$$T_d = T_s - 273.15$$

式中，T_s 为地表温度；ε 为地表比辐射率；τ 为大气透过率；T 为热红外波段亮度温度；T_a 为大气平均作用温度；T_d 为地表温度。

其中，对于地表比辐射率 ε，采用 Sobrino 等（2004，2001，1990）及 Sobrino 和 Raissouni（2000）提出的 NDVI 阈值法获取，因为研究区地表物质组成以植被、土壤、水体、不透水面为主，首先利用非监督分类方法获取研究区水体像元，其地表比辐射率赋值为 0.99；全植被覆盖（在一定空间尺度下）地表物质组成的比辐射率为 0.985，非植被地表的比辐射率为 0.972；对于裸土、不透水面等地表组成，地表比辐射率依据公式（6-2）求得：

$$\varepsilon_{\text{mix}} = \varepsilon_v p_v + \varepsilon_n (1 - p_v) + C_i \tag{6-2}$$

其中，

$$p_v = \left(\frac{\text{NDVI} - \text{NDVI}_s}{\text{NDVI}_v - \text{NDVI}_s} \right)^2$$

$$C_i = (1 - \varepsilon_n)(1 - p_v) F \varepsilon_v$$

式中，ε_{mix} 为裸土、不透水面等地表组成或者混合地物的比辐射率；ε_v 为植被的地表比辐射率；p_v 为植被覆盖度；ε_n 为非植被覆盖的地表比辐射率；NDVI 为归一化差值植被指数；NDVI_s 为非植被覆盖的NDVI值；NDVI_v 是全植被覆盖的NDVI值；F=0.55 为考虑几何分布的形状系数，是常数。

在美国国家航空航天局（National Aeronautics and Space Administration，NASA）官网大气校正参数计算模块中输入影像时间及中心经纬度，获取大气透过率（图 6-3～图 6-6），热红外波段亮度温度通过 ENVI 提供的 Landsat Calibration 模块进行辐射定标，将 DN 转换成亮度温度值。大气平均作用温度根据研究区的中国地面气候资料日值数据集和公式（6-3）计算得到：

$$T_a = 16.0110 + 0.92621 T_0 \tag{6-3}$$

式中，T_0 为 2000 年、2006 年、2010 年和 2015 年在影像获取当日平均气温。

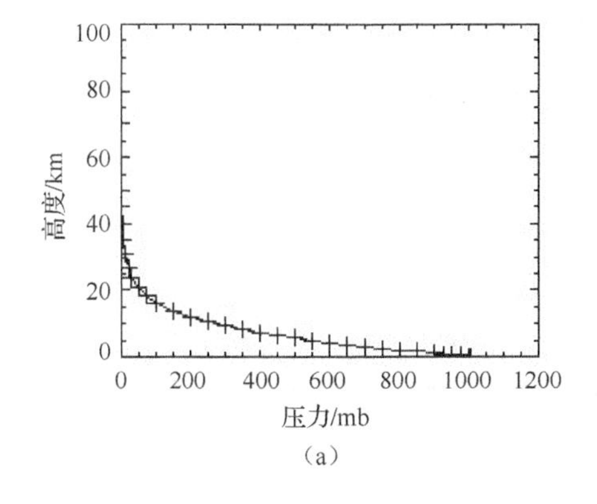

（a）

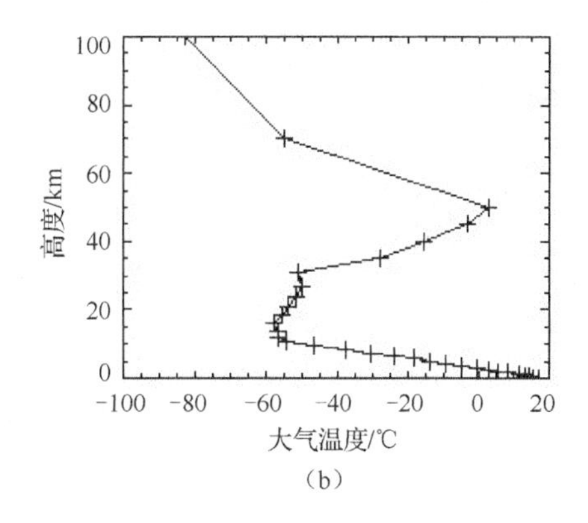

（b）

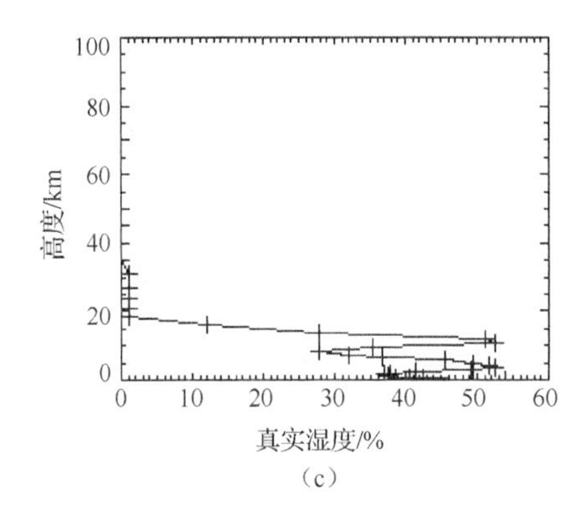

（c）

大气在热红外波段的透过率（τ）=0.85
大气向上辐射亮度（L_u）=0.99
大气向下辐射亮度（L_d）=1.67

图 6-3　2000 年大气辅助参数

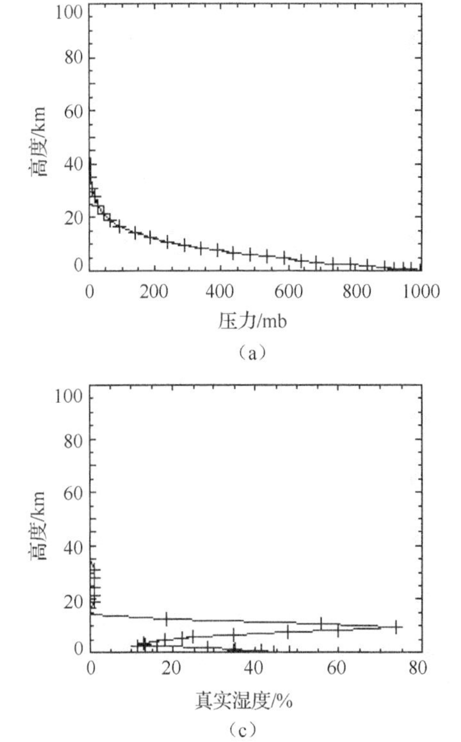

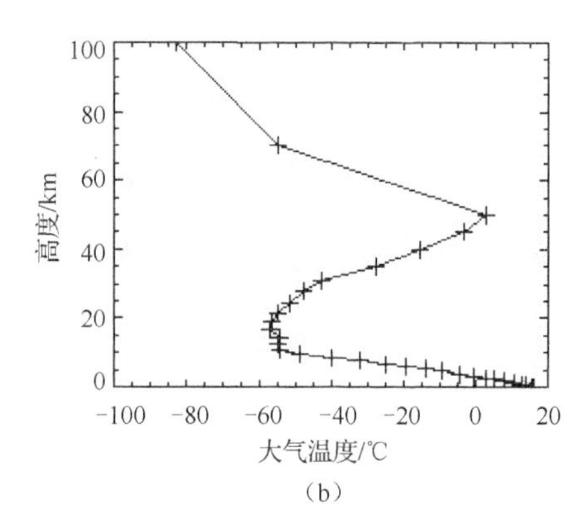

（b）

（c）

大气在热红外波段的透过率（τ）=0.9
大气向上辐射亮度（L_u）=0.72
大气向下辐射亮度（L_d）=1.22

图 6-4　2006 年大气辅助参数

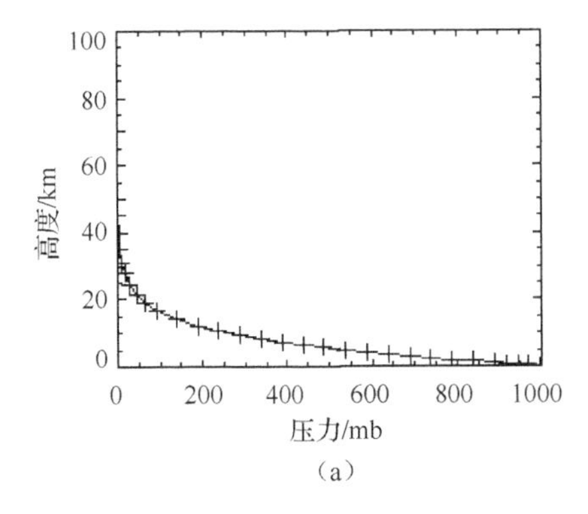

（a）

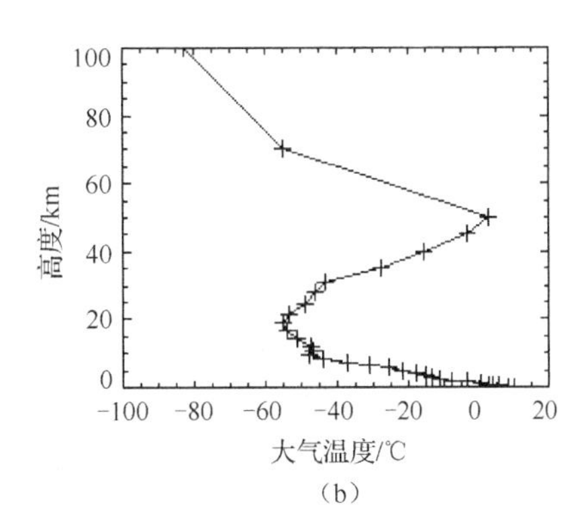

（b）

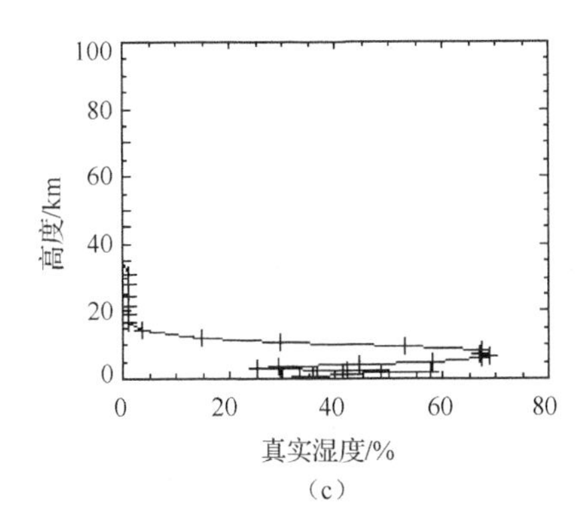

（c）

大气在热红外波段的透过率（τ）=0.94
大气向上辐射亮度（L_u）=0.36
大气向下辐射亮度（L_d）=0.64

图 6-5 2010 年大气辅助参数

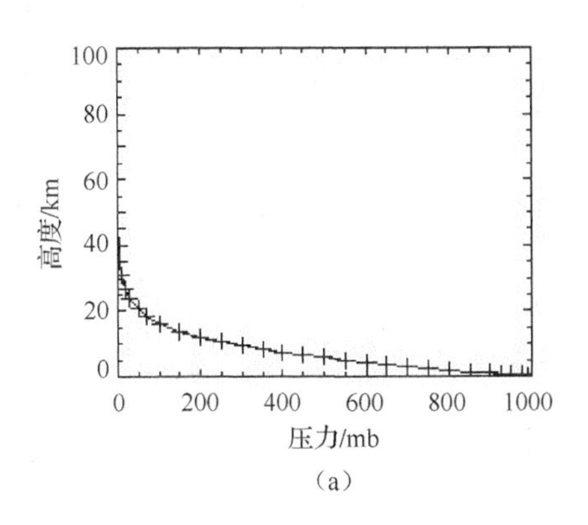

（a）

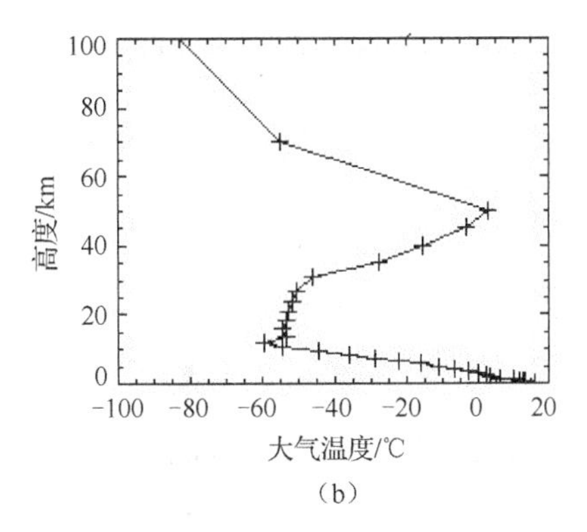

（b）

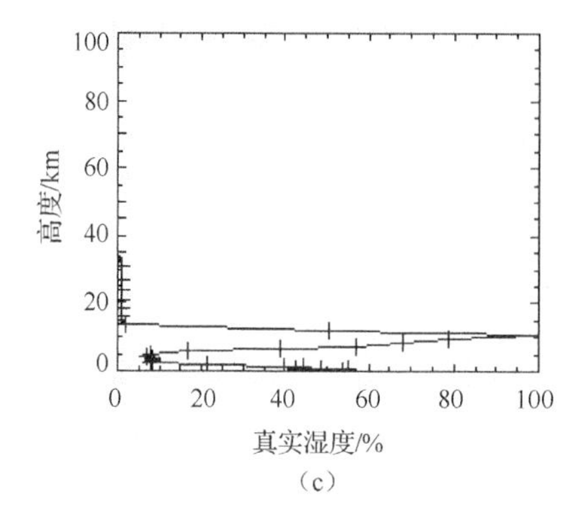

（c）

大气在热红外波段的透过率（τ）=0.92
大气向上辐射亮度（L_u）=0.58
大气向下辐射亮度（L_d）=1.01

图 6-6　2015 年大气辅助参数

通过单窗算法计算出各年地表温度（图 6-7 和图 6-8），2000 年 9 月 26 日温度在 11.06～33.79 ℃，平均温度为 21.80 ℃；2006 年 9 月 27 日温度在 8.64～33.85 ℃，平均温度为 20.28 ℃；2010 年 9 月 22 日温度在 1.30～30.12 ℃，平均温度为 16.91 ℃；2015 年 9 月 20 日温度在−2.01～38.46 ℃，平均温度为 22.17 ℃。其中 2000 年最低地表温度和最高地表温度相差 22.73 ℃，2006 年最低地表温度与最高地表温度相差 25.21 ℃，2010 年最低地表温度和最高地表温度相差 28.82 ℃，2015 年最低地表温度和最高地表温度相差达到 40.47 ℃，研究区地表温度随着年际变化，最低地表温度和最高地表温度差异越来越大。2000 年南岗区平均地表温度最高，其次是平房区，呼兰区平均地表温度最低，其次是道外区；2006 年南岗区平均地表温度最高，其次是香坊区，呼兰区平均地表温度最低；2010 年南岗区平均地表温度最高，道外区平均地表温度最低；2015 年平均地表温度最高的区域是平房区，最低的区域是呼兰区。2000 年到 2015 年南岗区、香坊区和平房区始终为平均地表温度最高区域，呼兰区和道外区平均地表温度相对较低。从 2000 年到 2015 年研究区地表高温区到低温区的变化轨迹大致是从南部区域到西部或西北部区域转至东部和北部区域。

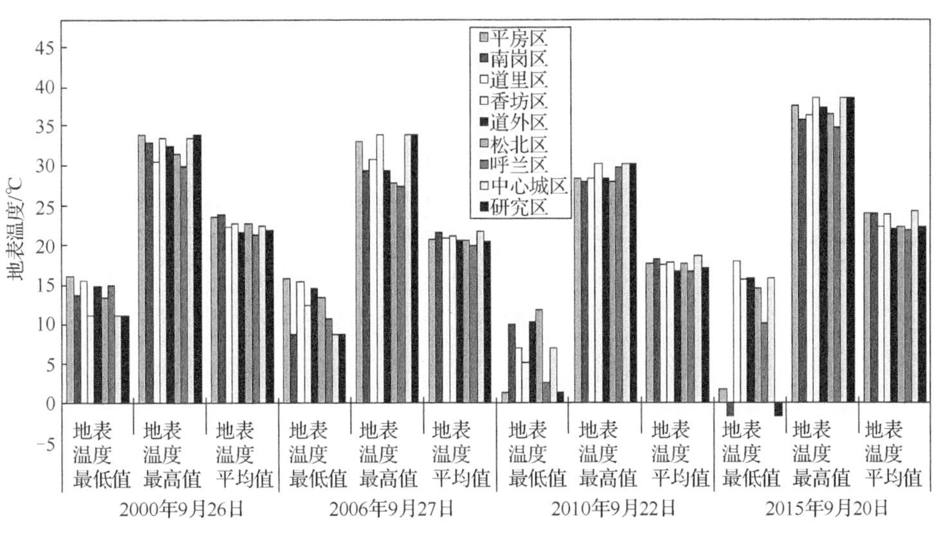

图 6-7　2000 年、2006 年、2010 年、2015 年最低、最高和平均地表温度

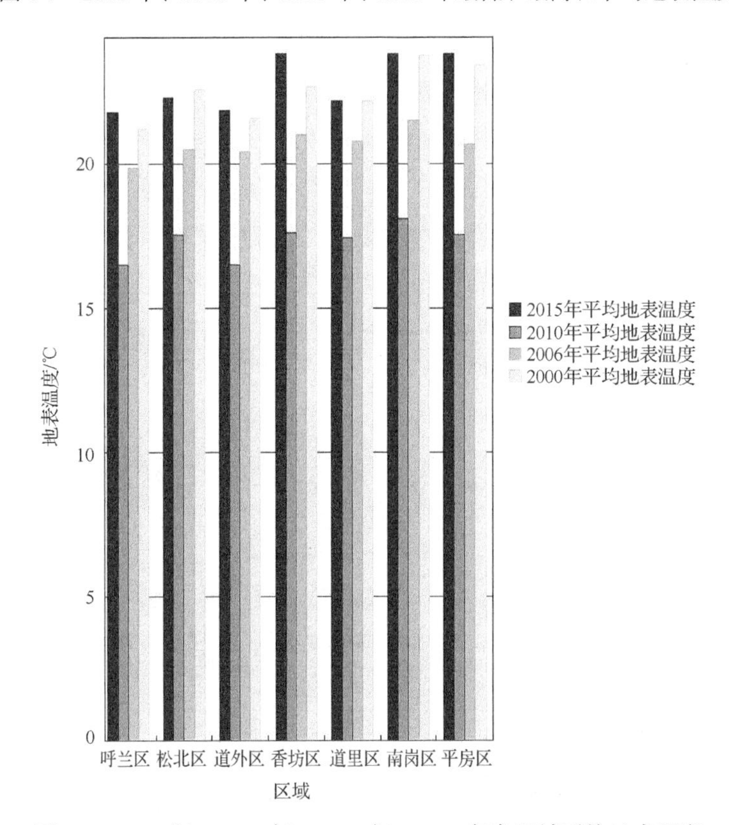

图 6-8　2000 年、2006 年、2010 年、2015 年各区域平均地表温度

6.2.2 热场显著区域分析

由于年际地表温度的差异，为了对 4 个时期的城市热岛强度进行时间序列的对比研究，将 2000 年、2006 年、2010 年和 2015 年地表温度进行标准化处理，分析 2000～2015 年的城市热岛强度变化（张宇等，2015）（图 6-9 和图 6-10）。由图 6-9 和图 6-10 可以看出，2000 年南岗区平均热岛强度最大，而 2006 年、2010 年和 2015 年中心城区平均热岛强度最大；2000 年、2006 年和 2015 年呼兰区平均热岛强度最小，2010 年道外区平均热岛强度最小；2000～2015 年中心城区平均热岛

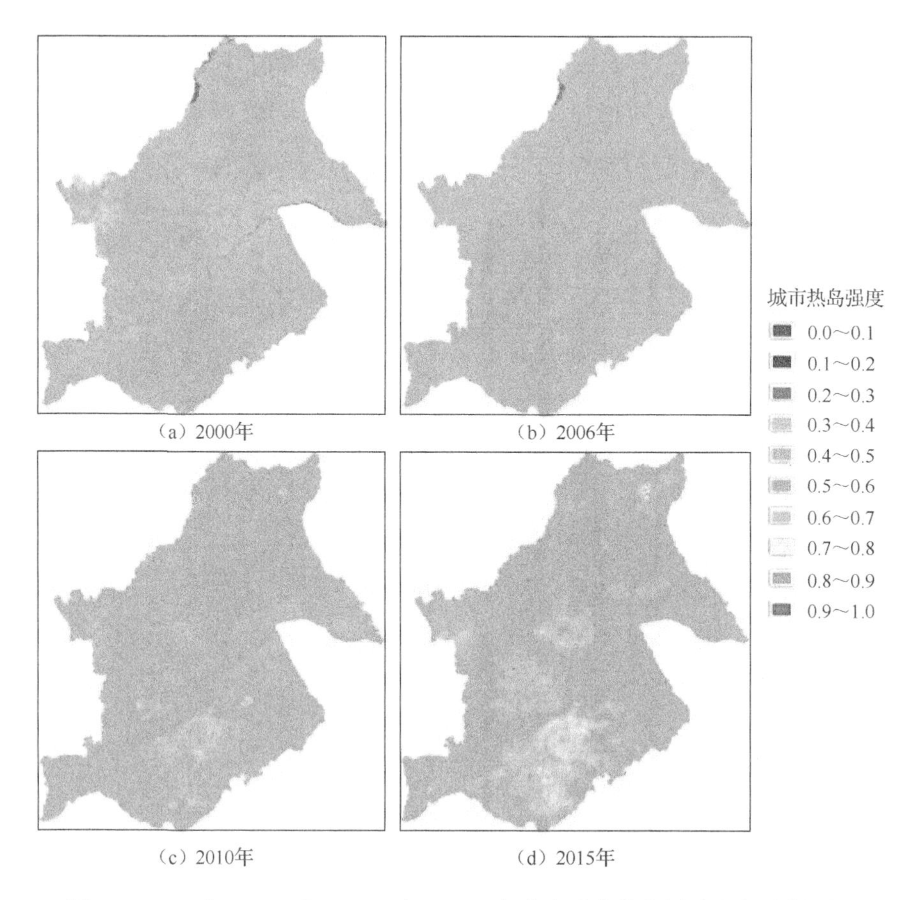

图 6-9　2000 年、2006 年、2010 年、2015 年热岛强度分布图（见书后彩图）

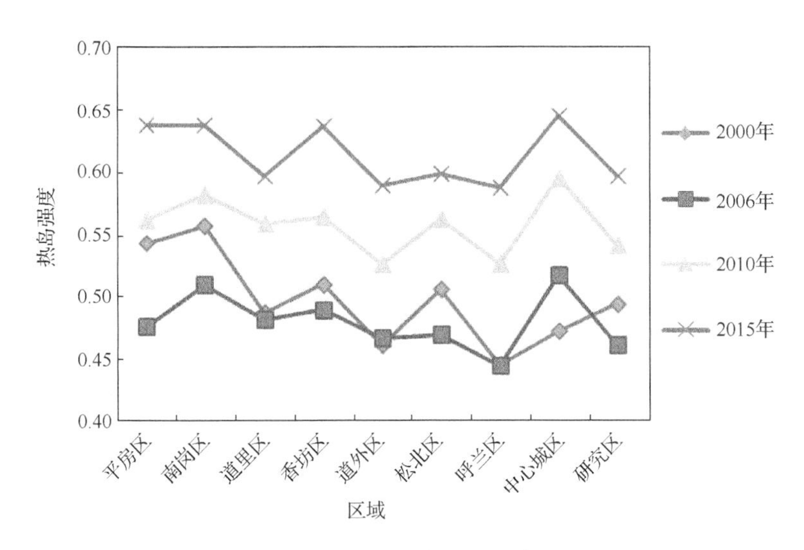

图 6-10 2000～2015 年各区域城市热岛强度

强度增加的百分比最大，其次是呼兰区和道外区，南岗区城市热岛强度增加的百分比最小（表 6-3）。2015 年热岛范围较 2000 年明显增加，热岛强度在 0.7 以上的区域较大（图 6-9），研究区平均热岛强度增加的百分比达到 20.81%。2000 年和 2006 年研究区热岛强度大于 0.7 的热岛区域零星分散分布；2010 年研究区热岛区域（热岛强度大于 0.7）明显扩大，研究区北部地区出现了热岛中心；2015 年热岛在空间上大面积呈现，研究区北部地区也出现多个热岛中心，中心城区热岛区域大面积聚集，2000 年和 2006 年中心城区热岛强度大于 0.7 的面积不到 1%，2010 年面积增加到 6.27%，到 2015 年中心城区热岛强度大于 0.7 的面积达到 16.14%。

表 6-3 2000 年、2006 年、2010 年、2015 年城市热岛强度变化

区域	面积/km^2	2000 年平均城市热岛强度	2006 年平均城市热岛强度	2010 年平均城市热岛强度	2015 年平均城市热岛强度	2000～2015 年平均城市热岛强度增加百分比/%
平房区	92.36	0.543	0.477	0.563	0.638	17.50
南岗区	168.42	0.557	0.510	0.582	0.638	14.542
道里区	443.93	0.488	0.482	0.559	0.597	22.439
香坊区	341.49	0.510	0.490	0.565	0.638	24.919

续表

区域	面积/km²	2000年平均城市热岛强度	2006年平均城市热岛强度	2010年平均城市热岛强度	2015年平均城市热岛强度	2000～2015年平均城市热岛强度增加百分比/%
道外区	615.18	0.461	0.467	0.526	0.590	27.902
松北区	769.96	0.506	0.470	0.563	0.600	18.473
呼兰区	2201.05	0.446	0.445	0.527	0.588	31.851
中心城区	592.68	0.473	0.517	0.596	0.646	36.667
研究区	4632.38	0.495	0.462	0.541	0.598	20.819

为了分析15年间城市热岛强度变化特征，采用密度分割法将2000年和2015年地表温度分为5个等级（表6-4），分别为低温区、次低温区、中温区、次高温区和高温区，通过转移矩阵计算两个年份之间各温区的变化规律。由热岛强度转移矩阵可以看出，从2000年到2015年，低温区和次低温区变成中温区、次高温区和高温区的比例较大，可达到100%；而中温区变成次低温区和低温区的比例为0.013%，次高温区转成中温区和次低温区的比例为41.84%，高温区转成其他温区的比例为81.79%，因此，2000～2015年城市热岛强度变化出现两个极化现象，即由冷岛区变为热岛区和由热岛区变为冷岛区两个趋势较强。

表6-4　2000年-2015年城市热岛强度转移矩阵　　（单位：%）

2015年	2000年				
	低温区	次低温区	中温区	次高温区	高温区
低温区	0	0	0.003	0	0
次低温区	0	0	0.01	0.001	0
中温区	95.291	79.921	62.938	40.946	20.752
次高温区	4.647	19.987	36.896	58.156	61.034
高温区	0.062	0.091	0.154	0.896	18.214

6.3　地表组成与地表温度的定量关系研究

经过6.2节的研究发现，温度变化较为明显的区域为城市的中心城区。因此在 6.3 节和 6.4 节中，我们将进一步对哈尔滨市中心城区的地表组成与地表温度的定量关系进行研究。

6.3.1 城市地表组成盖度提取

线性光谱分解模型获取地物信息的精度与端元的选取和端元数目的确定有直接关系，已有研究表明，选取 3～4 个端元较为合适（Roberts et al.，1998；Adams et al.，1995）。缨帽（tasseled cap，TC）变换是一种数据压缩和去冗技术，其亮度、绿度、湿度分量与地表生物物理组成有直接的关系，城市生物物理组成指数（biophysical composition index，BCI）即是在 TC 变换的基础上获取的城市环境遥感指数，此变换已经被广泛应用于生态环境监测中（Deng and Wu，2012；Kauth and Thomas，1976）。哈尔滨市因为松花江横贯市区，水体是城市典型的地表组成成分，TC 变换的湿度分量对地表水体信息敏感，因此应用 TC 变换基于植被-不透水面-土壤-水体模型选取端元。TC 变换前 3 个分量归一化特征如图 6-11 所示。

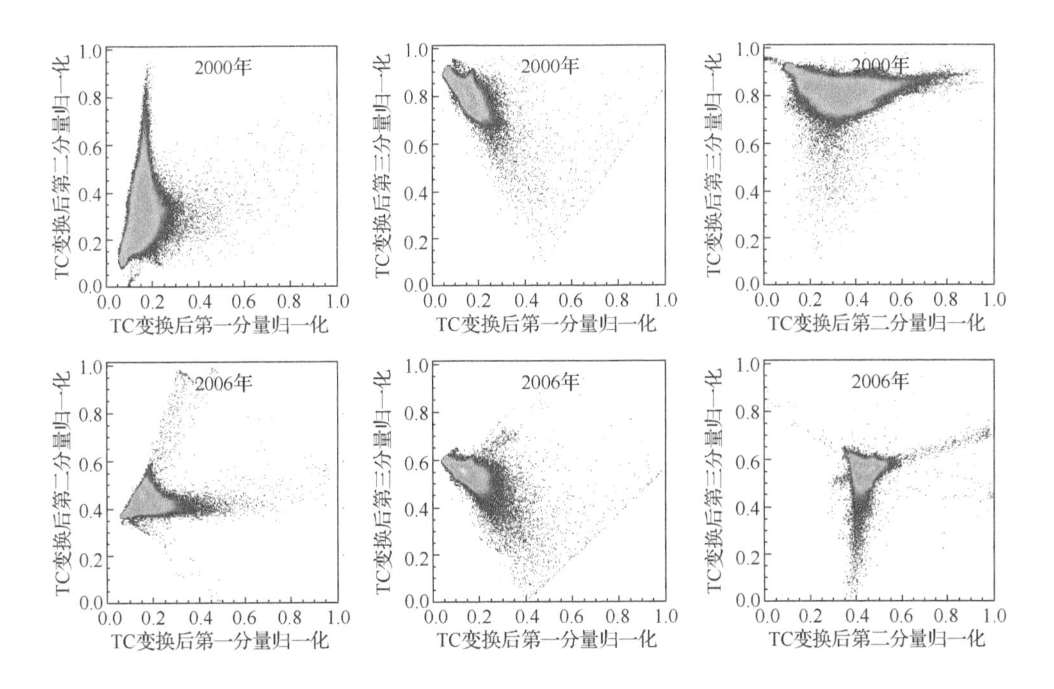

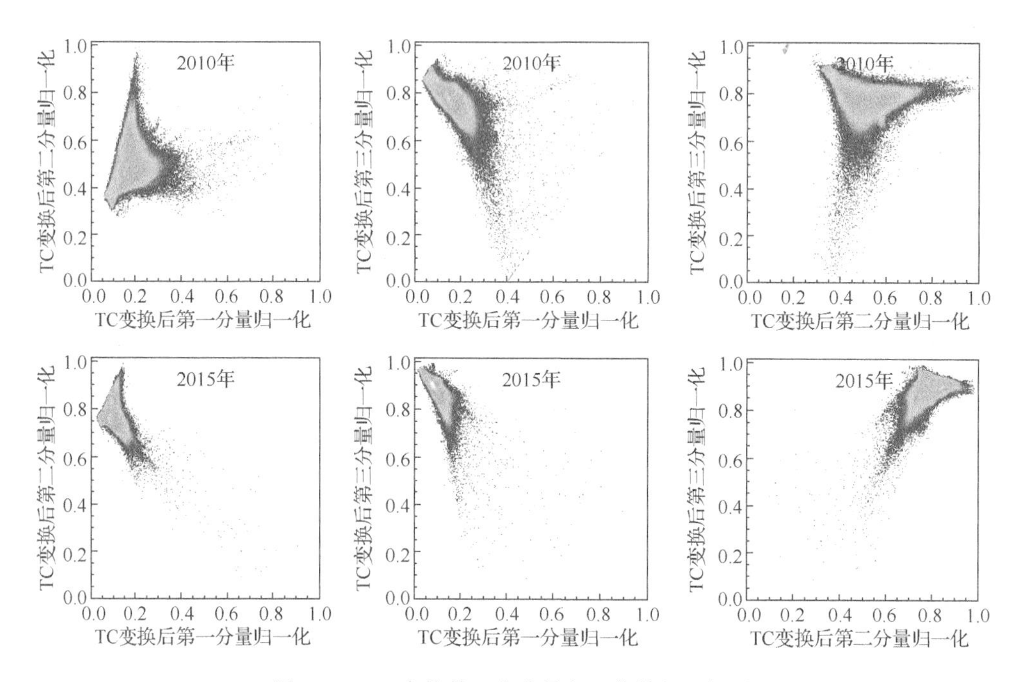

图 6-11　TC 变换前 3 个分量归一化特征空间图

Landsat 5 TM 和 Landsat 8/OLI 反射率影像进行 TC 变换之后，将变换分量进行归一化处理，计算公式（6-4）如下：

$$\mathrm{TC_{nor}} = (\mathrm{TC}_i - \mathrm{TC}_{i\min})/(\mathrm{TC}_{i\max} - \mathrm{TC}_{i\min}) \tag{6-4}$$

式中，$\mathrm{TC_{nor}}$ 指 TC 变换分量的归一化；TC_i（i=1,2,3）为 TC 变换的前 3 个分量；$\mathrm{TC}_{i\max}$，$\mathrm{TC}_{i\min}$ 分别为第 i 个分量的最大值和最小值。TC 变换前 3 个分量归一化计算之后两两之间的特征空间结合人工目视解译，最终确定出植被、不透水面、土壤和水体端元（图 6-12）。

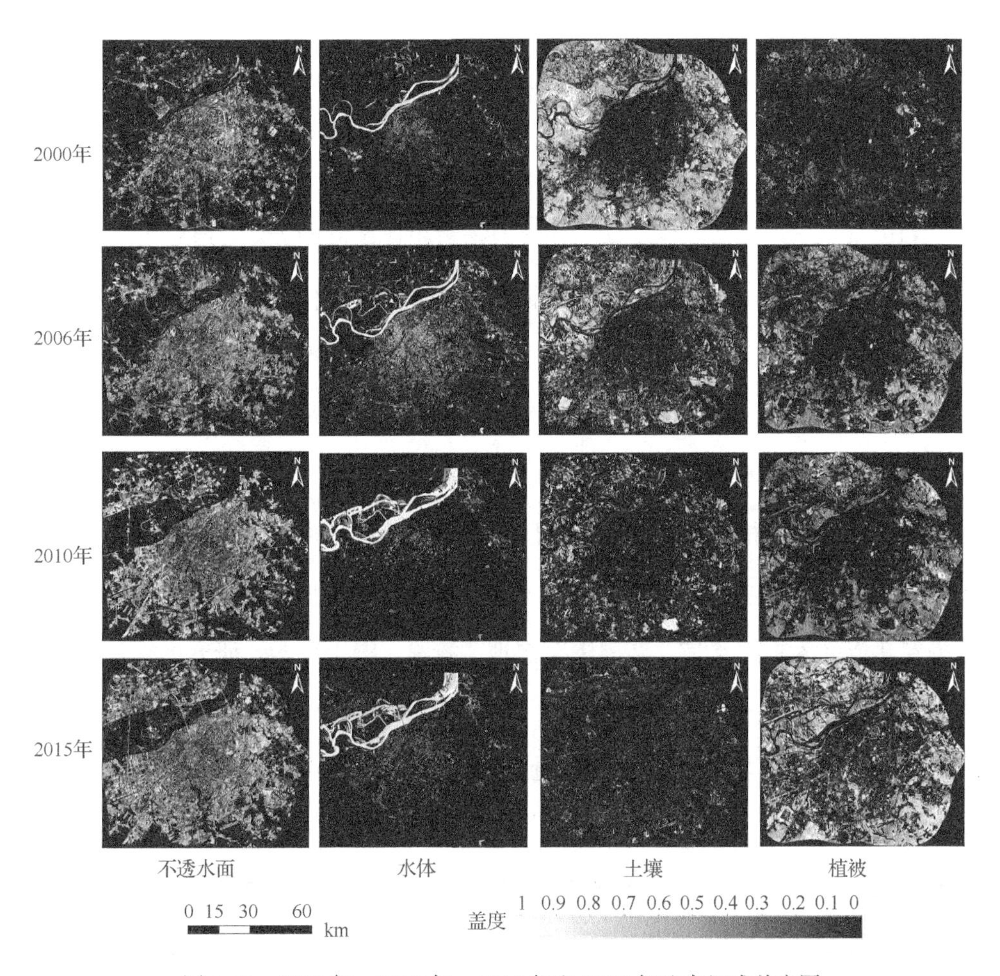

图 6-12 2000 年、2006 年、2010 年和 2015 年地表组成盖度图

为定量评价地表组成盖度的估算精度，根据估测值和真实值计算 RMSE、MAE 和系统误差（system error，SE）3 个指标，对估算结果进行分析评价。计算如公式（6-5）～公式（6-7）：

$$\mathrm{RMSE}=\sqrt{\sum_{i=1}^{N}(x_{ei}-x_{ri})^2/N} \tag{6-5}$$

$$\mathrm{MAE}=\sum_{i=1}^{N}\left|x_{ei}-x_{ri}\right|/N \tag{6-6}$$

$$\mathrm{SE}=\sum_{i=1}^{N}(x_{ei}-x_{ri})/N \tag{6-7}$$

式中，x_{ei}为第i个样点估计值；x_{ri}为第i个样点真实值；N为样点数。

利用最小二乘线性光谱分解方法获取地表组成盖度图（图 6-12），其中不透水面有高反照率地物（玻璃和混凝土表面等）和低反照率地物（沥青和瓦片等），主要包括交通道路网、屋顶、机场、停车场等，商业区、交通用地和高密度住宅区及工业区的不透水面盖度大，低密度住宅区和环路内（城乡结合部）附近区域不透水面盖度较小。本章所选研究区为哈尔滨市中心城区，土壤主要分布在农耕地无植被覆盖区和少植被覆盖区，老城区因为一些旧的房屋拆迁和改造，有少量裸土分布，研究区水域周围有极少量沙土分布。研究区水体比较集中，可发现松花江横穿建成区为主体水域，其周围有湿地、滩涂、湿土分布，研究区东、西部有少数水泡、水田分布。其中农耕地、森林、草地等地是植被最为集中的地方，另外，研究区中部城市公园也有少量植被分布。由于植被、土壤、水体信息随季节变化会有一些差异，城市基础设施建设短期内不会有太大变化，因此可以用不透水面信息的提取结果作城市地表组成盖度提取结果的精度验证。以 2010 年地表组成提取结果为例，我们在研究区原始 TM 影像上随机选取 200 个点，在每个样点上以该采样点对应的像元为中心选择一个 3×3 像元的样区，计算出样区不透水面比例；同时在 Google Earth 影像上通过人工目视解译方法找出采样区域不透水面，并统计出样区不透水面面积和所占比例；最终计算出样区的 RMSE= 0.2628，MAE=0.2079，SE= −0.020，样区不透水面估算值和解译值统计结果如图 6-13 所示，不透水面估算值和解译值之差误差整体分布在 0～0.2，证明了结果的可用性。

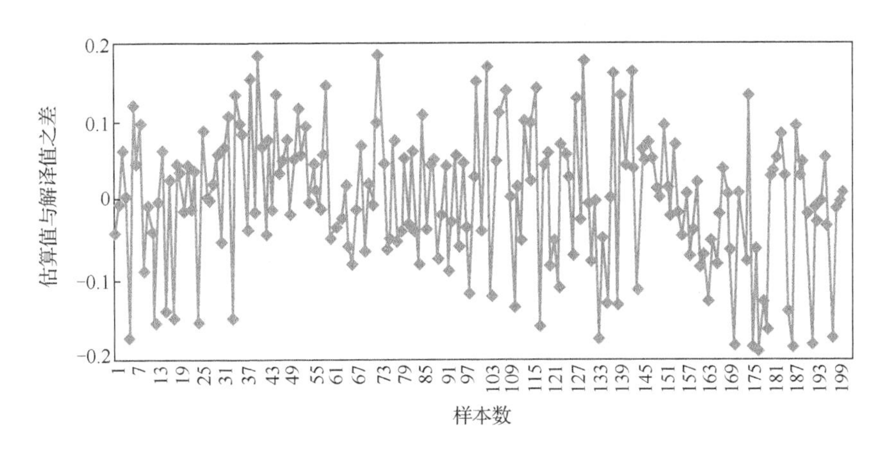

图 6-13 2010 年不透水面提取精度

6.3.2 地表组成变化分析

如图 6-14 所示，中心城区 2000 年不透水面的比例（比例是指单个像元内，下同）为 11%，2006 年为 15%，2010 年增加到 18%，到 2015 年不透水面比例达到 20%，15 年间不透水面所占比例增加了 9%；从 2000 年到 2015 年，水体比例逐年下降，从 2000 年的 28%下降至 2015 年的 21%，水体比例减少了 7%；土壤也呈现逐年下降的趋势，中心城区土壤所占比例下降了 51%；由于所选影像时间不一致，各年植被盖度无明显的增减趋势，主要是植被成熟时期不一致，导致植被盖度不一样。经过 15 年的发展，中心城区土壤面积逐渐减少，说明农耕地和裸地比例越来越低，转变成了工厂、道路、房屋等人工建筑。

从图 6-14 可以看出，2000 年到 2015 年不透水面面积越来越大。2000 年不透水面面积为 65.65 km^2，2015 年不透水面面积达到 134.17 km^2；土壤所占比例越来越小，2000 年土壤的面积为 265.42 km^2，2015 年土壤的面积为 129.38 km^2；水体也呈现出减少的趋势，水体的面积由 2000 年的 167.46 km^2，减少到 2015 年的 126.13 km^2。15 年间，不透水面和土壤面积变化较大，水体面积变化较小。由于所选影像时间不同，植被盖度出现波动起伏的趋势。从表 6-5 可以看出，2000 年各地表组成中，不透水面和植被盖度有较小的平均值，土壤盖度的平均值较大；2006 年不透水面和水体盖度的平均值最小，植被盖度的最大值最小，但是较 2000 年植被盖度平均值增加；2010 年不透水面和水体盖度的最大值和平均值最小，土壤盖度的最大值和平均值都较大，较 2000 年和 2006 年水体和土壤盖度平均值降低，不透水面盖度平均值增加，植被盖度平均值表现为先增大后减小的趋势；2015 年不透水面和植被盖度的平均值较 2000 年、2006 年和 2010 年都增加，而水体和土壤盖度的平均值都降低（空间范围在一个像元内）。

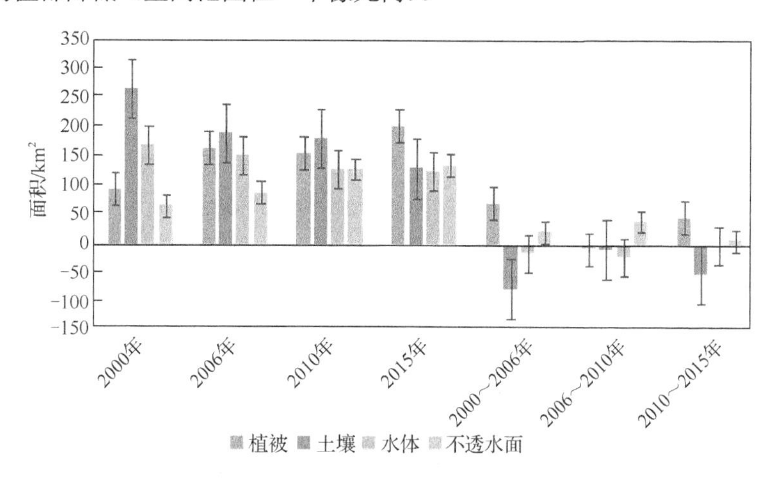

图 6-14　地表组成的年际变化

表 6-5　地表组成变化统计

地表组成	2000 年				2006 年			
	最小值	最大值	平均值	标准差	最小值	最大值	平均值	标准差
不透水面	0.000	0.999	0.111	0.213	0.000	0.998	0.148	0.219
水体	0.000	0.999	0.283	0.178	0.000	1.000	0.256	0.189
土壤	0.000	0.999	0.448	0.245	0.000	0.999	0.319	0.236
植被	0.000	0.992	0.158	0.142	0.000	0.996	0.277	0.206

地表组成	2010 年				2015 年			
	最小值	最大值	平均值	标准差	最小值	最大值	平均值	标准差
不透水面	0.000	0.995	0.176	0.234	0.000	0.993	0.199	0.224
水体	0.000	0.995	0.217	0.245	0.000	0.997	0.213	0.246
土壤	0.000	0.999	0.305	0.197	0.000	0.993	0.219	0.185
植被	0.000	0.997	0.262	0.228	0.000	0.999	0.369	0.268

6.3.3 不同地表组成对地表温度的影响

为了深入研究 4 种地表组成与地表温度的关系，利用各年提取出的地表组成信息与地表温度进行相关性分析，由表 6-6 可以看出，从 2000 年到 2015 年不透水面与地表温度的相关性越来越大，由 0.265 增加至 0.545，地表温度和不透水面呈正相关关系，与植被、水体（2006 年除外）主要呈负相关关系，2006 年土壤和地表温度呈负相关关系，其他年份土壤和地表温度均为正相关关系。

表 6-6 地表组成与地表温度相关性

年份	指标	地表温度	不透水面	水体	土壤	植被
2000	地表温度	1	0.265**	−0.131**	0.051**	−0.280**
	不透水面	0.265**	1	—	—	—
	水体	−0.131**	—	1	—	—
	土壤	0.051**	—	—	1	—
	植被	−0.280**	—	—	—	1
2006	地表温度	1	0.409**	0.105**	−0.057**	−0.448**
	不透水面	0.409**	1	—	—	—
	水体	0.105**	—	1	—	—
	土壤	−0.057**	—	—	1	—
	植被	−0.448**	—	—	—	1
2010	地表温度	1	0.420**	−0.255**	0.121**	−0.396**
	不透水面	0.420**	1	—	—	—
	水体	−0.255**	—	1	—	—
	土壤	0.121**	—	—	1	—
	植被	−0.396**	—	—	—	1
2015	地表温度	1	0.545**	−0.080**	0.100**	−0.427**
	不透水面	0.545**	1	—	—	—
	水体	−0.080**	—	1	—	—
	土壤	0.100**	—	—	1	—
	植被	−0.427**	—	—	—	1

**表示在 0.01 水平（双侧）上显著相关。

从地表温度和地表组成的散点图（图 6-15～图 6-18）可以看出，2000 年不透水面比例每增加 10%，地表温度升高 0.25℃。2006 年不透水面比例每增加 10%，地表温度升高 0.33℃。2010 年不透水面比例每提高 10%，地表温度升高 0.37℃。2015 年当不透水面比例增加 10%，地表温度会升高 0.57℃。相比较而言，土壤的增温作用较小，最大可以达到土壤比例每增加 10%，地表温度会升高 0.13℃。植被覆盖度每增加 10%，温度最少会下降 0.36℃。水体比例每升高 10%，温度最高可以下降 0.22℃。不透水面和土壤有增温作用，植被和水体有降温效应，不透水面的增温作用比土壤作用大，植被的降温效应大于水体的降温效应。2000 年和 2006 年各地表组成中植被对地表温度的影响最大（R^2=0.079 和 R^2=0.201），2010 年和 2015 年各地表组成中不透水面对地表温度的影响最大（R^2=0.177 和 R^2=0.297）。2000 年土壤和地表温度相关性最小，2006～2015 年水体和地表温度的相关性较小。总体来说，土壤和水体对地表温度的影响不大，原因可能是中心城区土壤所占比例较小，水体相对集中而且变化幅度小，故对地表温度影响不大。

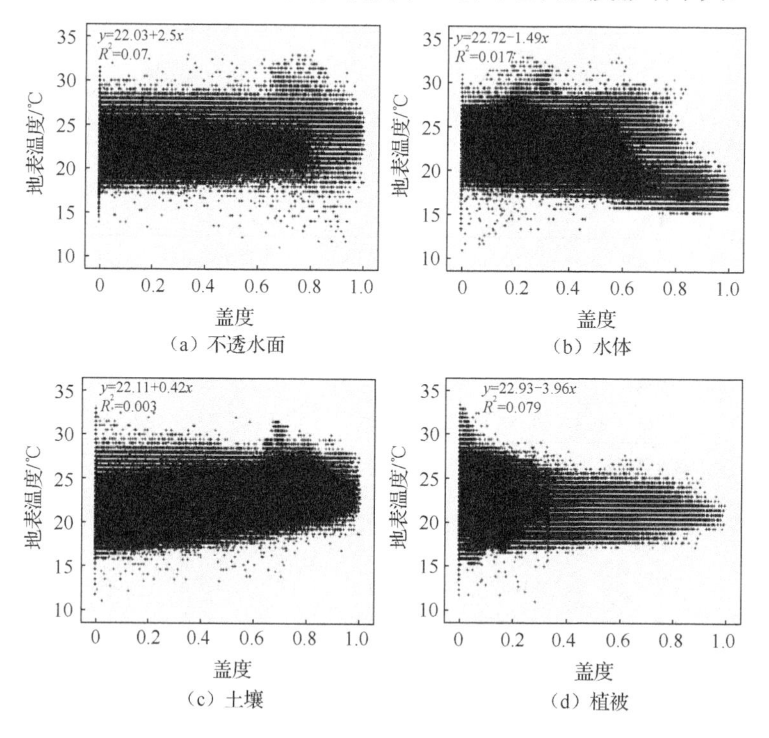

图 6-15　2000 年各地表组成与地表温度散点图

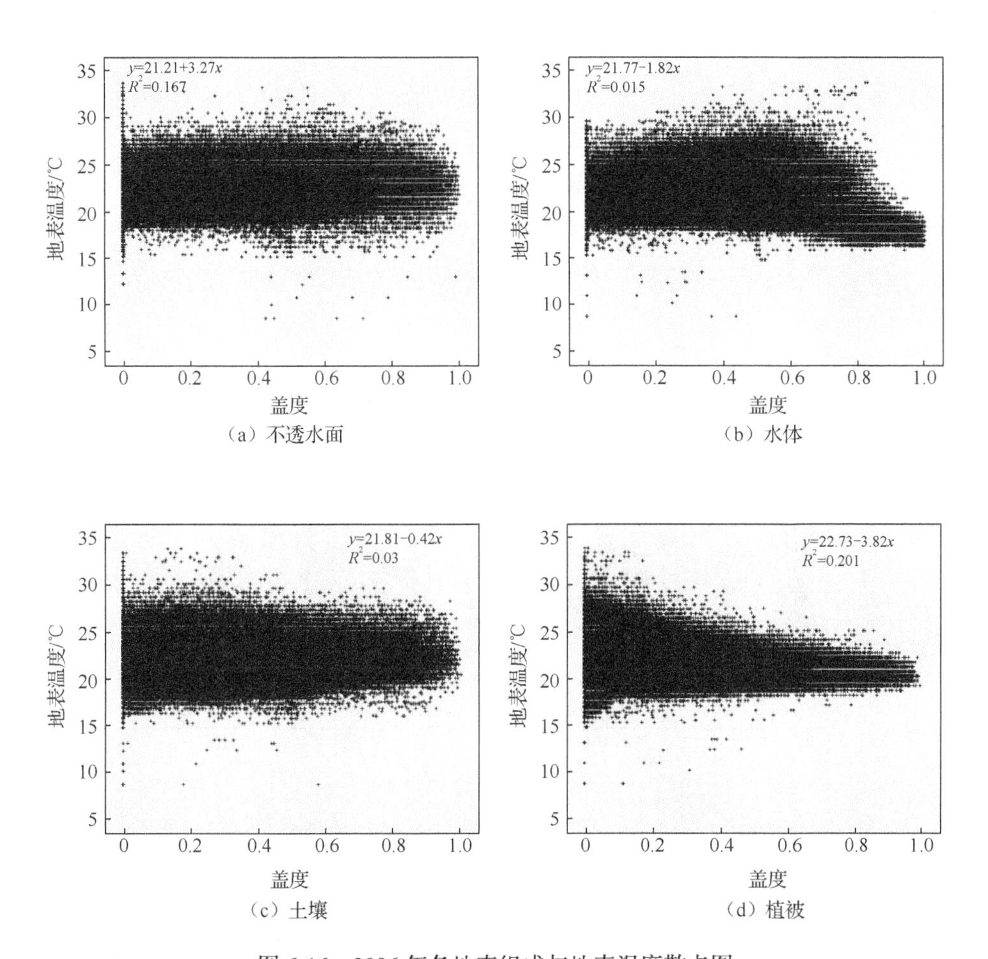

（a）不透水面 （b）水体
（c）土壤 （d）植被

图 6-16 2006 年各地表组成与地表温度散点图

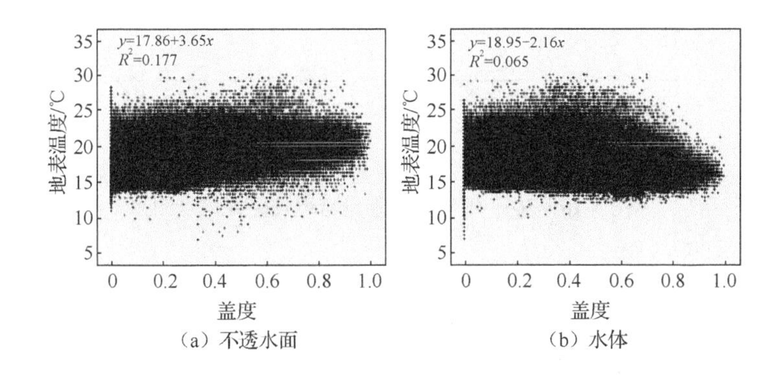

（a）不透水面 （b）水体

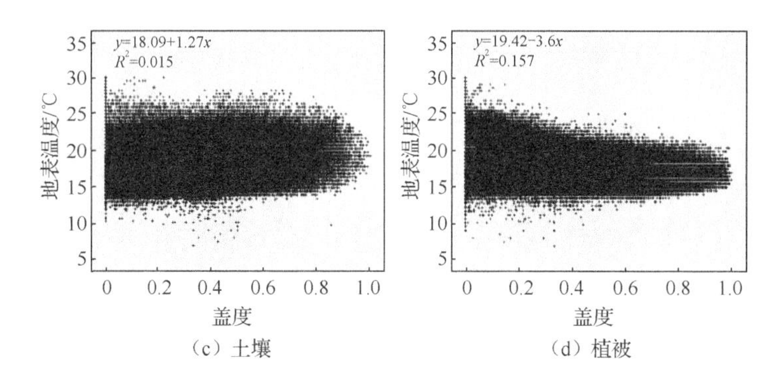

（c）土壤　　（d）植被

图 6-17　2010 年各地表组成与地表温度散点图

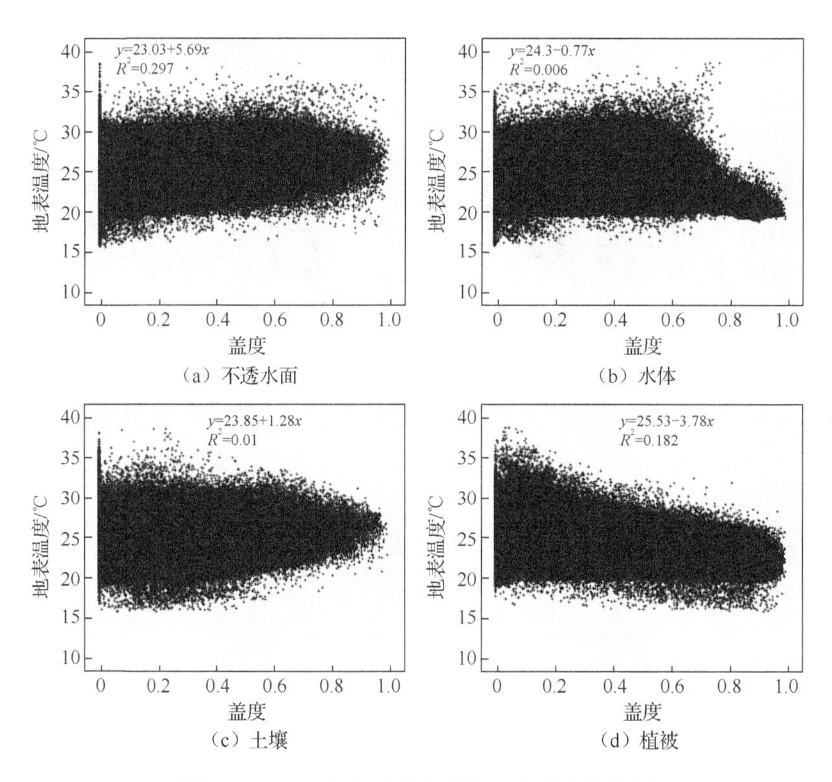

（a）不透水面　　（b）水体

（c）土壤　　（d）植被

图 6-18　2015 年各地表组成与地表温度散点图

6.4　基于典型地表组成的地表温度估算

近些年，大多数研究利用单一植被指数、不透水面指数与地表温度间的统计关系估算像元温度，这可能无法满足有裸土、水体覆盖的研究区域估算精度（唐菲和徐涵秋，2013）。前期研究结果表明，城市下垫面的高度异质性，使一个像元内可能有不同的地物，即混合像元，混合像元内每种地物盖度及其温度都不同，使各个像元的温度有差异，所以获取亚像元地表温度信息，便于在更小尺度上分析地物温度。以2010年Landsat 5 TM遥感影像为数据源，基于线性光谱分解和V-I-S-W模型，获得亚像元水平上较好精度的地表组分盖度，在上述城市地表热环境与地表组成复杂关系的基础上以线性和非线性模型估算亚像元地表温度。

6.4.1 线性回归模型

一元线性回归模型研究单个自变量与因变量的线性关系，考虑的影响因素较少，适合简单的数据预测；多元线性回归模型中研究对象受多个因素的影响，即因变量与多个自变量线性相关，是多个变量之间的线性关系，进行线性预测的结果与实际值接近，应用范围比较广。

以最小二乘法建立地表温度和地表组成之间的回归方程，如表6-7所示。单变量线性回归方程显示，不透水面、土壤和地表温度是正相关关系。当不透水面增加10%时，地表温度增加0.4℃。植被和水体与地表温度呈显著的负相关关系，当水体比例增加10%，地表温度会降低0.36 ℃。将不透水面、土壤、水体和植被都作为变量，一次项系数最小的是土壤，说明研究区土壤对地表温度的影响最小，不透水面、水体的一次项系数较大，对地表温度调节作用较大。

多元线性回归方程R^2比一元线性回归方程R^2大，所以综合考虑4种地表组成预测温度比单一地表组成估算温度更全面，而且在多元线性回归方程中，可知不透水面比例每增加10%，温度升高0.25 ℃（<0.4℃），因此只考虑单一地表组成对地表温度的影响有可能扩大其环境效应。

表 6-7　线性回归模型估算地表温度

类型	模型	R^2
单变量线性回归模型	LST=17.73+4×I	0.231
	LST=18.71−3.59×W	0.136
	LST=18.39+1.21×S	0.012
	LST=18.95−2.81×V	0.125
多变量线性回归模型	LST=18.49+2.511×I−3.304×W+1.05×S−1.982×V	0.369

注：LST 代表地表温度，I 代表不透水面比例，W 代表水体比例，S 代表土壤比例，V 代表植被比例。

6.4.2　决策树模型

决策树模型是一种以实例为基础的归纳学习算法，从一组无次序、无规则的数据中形成系列的分支规则，依据规则对数据对象进行分类和预测，包括选择对因变量重要的自变量生成树和防止树过度拟合进行剪枝两个过程。在不明确地表组成和城市地表热环境相互关系的情况下，决策树模型通过对样本的训练，预测城市地表温度。在研究区随机选择 2000 个地表温度和地表组成的样本数据，50%的样本用来测试，剩下的 50%用来验证，最终将地表组成数据依据表 6-8 分支规则形成规则集，运用所得规则可预测出城市内部不同区域的地表温度。

表 6-8　地表组成的分支规则

序号	规则
1	不透水面盖度≤0.002 和 水体盖度>0.637
2	不透水面盖度≤0.002 和 0.276<水体盖度≤0.637
3	不透水面盖度≤0.002 和水体盖度≤0.276 和植被盖度≤0.004
4	不透水面盖度≤0.002 和水体盖度≤0.276 和植被盖度>0.004
5	0.002<不透水面盖度≤0.240
6	0.240<不透水面盖度≤0.516
7	0.516<不透水面盖度≤0.635
8	不透水面盖度>0.635

以分类回归树（classification and regression tree，CART）的增长方式产生不同决策树，形成 8 个分支规则，依据这些规则选择出对地表温度有重要影响的变量。不透水面、水体、植被 3 类地表组成，其中规则 1 表明当不透水面盖度≤0.002 而水体盖度>0.637 时，水体盖度较大，地表温度均值为 15.586℃；规则 2 下不透水面盖度≤0.002 且 0.276<水体盖度≤0.637，地表组成以滩涂、湿地、湿土为主，温度较低，平均温度 16.34℃；规则 3 所代表的地表组成植被分布很少，平均温度为 18.94℃；规则 4 时地表组成植被盖度增加，有低温效应，平均温度为 17.43℃。当像元内不透水面盖度逐渐增多至大于 0.002 但是小于等于 0.240 时，平均温度达到了 19.19℃。当不透水面盖度大于 0.240 而小于等于 0.516 时，平均温度上升到 19.59℃。而当不透水面盖度大于 0.516 而小于等于 0.635 时，主要是低反照率材质为主的不透水面，平均温度最高，为 20.33℃。当像元内不透水面盖度大于 0.635 时，平均温度为 19.94℃，此时虽然不透水面盖度增加，但主要是水泥、玻璃等材质的高反照率不透水面，所以平均地表温度反而有所降低。决策树模型通过不同的规则建立地表温度与地表组成的线性关系，每一个规则反映出的热场特征不同。我们模拟出的地表温度空间异质性如图 6-19 所示。

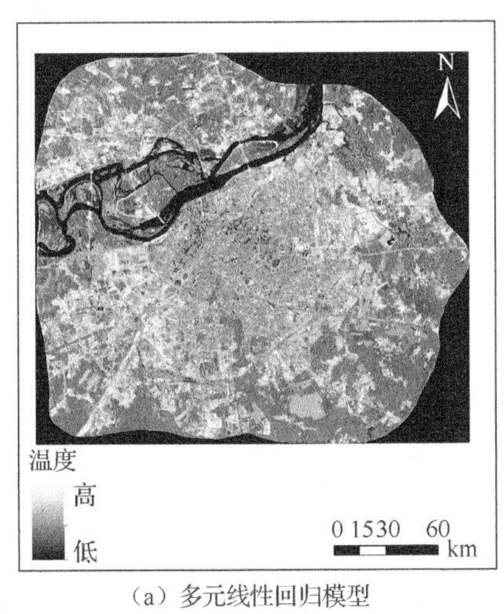

（a）多元线性回归模型　　（b）决策树模型

图 6-19　地表温度估算

6.4.3 光谱分解热混合模型

基于线性光谱分解方法的理论基础，假设用多个端元反映一个像元的地表温度信息，混合像元温度值是构成混合像元中各端元温度值的线性组合，通过计算混合像元中各端元的组成比例，从而把混合像元的温度分解为多端元温度的线性组合。热混合模型及其约束条件可以用公式（6-8）来表示：

$$T_s = f_v T_v + f_i T_i + f_s T_s + f_w T_w + e_i \tag{6-8}$$

且

$$f_v + f_i + f_s + f_w = 1, f_v, f_i, f_s, f_w \geqslant 0$$

式中，T_s 为地表温度；T_v、T_i、T_s、T_w 分别为端元（植被、不透水面、土壤、水体）的地表温度；f_v、f_i、f_s、f_w 分别为端元（植被、不透水面、土壤、水体）在混合像元中所占的权重；e_i 为模型残差。

端元温度可以用地面监测点各地物与影像获取时间相同时刻的温度表示，如果有不同时刻地物的地表温度，应用光谱分解热混合模型能获取大范围内不同地物在不同时刻的温度。Price（1990）、Carlson 和 Ripley（1997）及 Carlson（2007）研究发现，对一个区域而言，如果地表覆盖情况从裸土到密闭植被，土壤湿度不同，该区域每个像元对应的 NDVI 和 LST 组成的 T-NDVI 散点图可以对地表总体湿度、温度状况进行间接反映。

基于 T-NDVI 特征空间（图 6-20）选取端元地表温度，可以发现最低温度分布在特征图左下方，NDVI 值较小，其地表组分为水体、湿地、滩涂、湿土等。在特征空间图左上方，地表温度较低，NDVI 值较大，地表组成为植被。相反，特征图右下方 NDVI 值小，地表温度值大，地表组成为不透水面。NDVI 值在 0.2 附近，有较高地表温度值的地表组成为裸土和少植被覆盖的农耕地。在 T-NDVI 特征空间里反复、仔细选取温度端元（与光谱端元一致），从而获取典型地物代表温度：植被温度（T_v）16.33℃，水体温度（T_w）15.59℃，土壤温度（T_s）23.17℃，

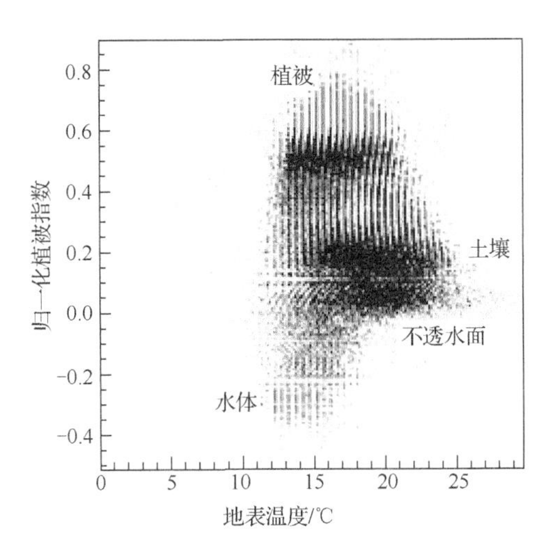

图 6-20　T-NDVI 特征空间图

不透水面温度（T_i）23.67℃。选取端元代表地表温度后，结合光谱分解热混合模型计算出研究区像元地表温度见图 6-21，可以发现高温区主要分布在研究区不透水面区域；其次是老城区旧城改造，拆迁有裸土分布的区域和松花江附近裸土、沙土的分布区；植被覆盖较高的区域以及松花江水域温度较低。其中水体和植被温度较低，表现出低温效应；不透水面和土壤温度较高，有高温效应，与前人研究结果相符。

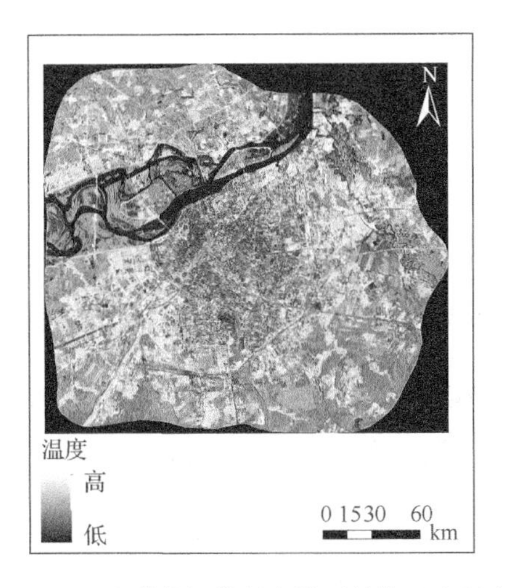

图 6-21　光谱分解热混合模型估算地表温度

6.4.4 模型精度对比

决策树模型对土壤温度、植被温度估算稍高；线性回归模型对植被温度估算过高；光谱分解热混合模型对研究区不透水面温度估算相比其他两种模型较好，而对于研究区中部低反照率的不透水面可能被误分为水体，所以估算温度过低。为了验证各模型对亚像元地表温度估算的适用性，随机选择 200 个样点计算不同模型估算温度的 RMSE、MAE 和 SE（表 6-9）。由表 6-9 可知，光谱分解热混合模型估计的地表温度更接近真实值，RMSE 比其他两个模型小。

表 6-9　不同模型估算地表温度精度对比　　（单位：℃）

度量标准	多元回归模型	决策树模型	光谱分解热混合模型
RMSE	1.38	1.49	0.95
MAE	1.14	1.19	0.81
SE	−0.61	−0.59	0.51

6.5 典型地表组成空间分布对地表温度的影响

6.5.1 地表组成空间分布特征

基于线性光谱分解模型获取的地表组成信息是 0～1 的连续型数据，更能表达地表组成的空间异质性。基于地统计学的空间自相关、半方差函数等方法对于（连续型数据）地表覆被空间格局的分析适用性较好（刘珍环等，2011）。其中全局自相关指数指空间邻接或空间邻近的区域属性值的相似度，局部自相关指数可以有效地度量地表组成的空间分布特征（Anselin，1995）。局部自相关指数的计算公式如下：

$$I_i(d)=\frac{z_i-z_{\text{mean}}}{\sum_i(z_i-z_{\text{mean}})^2}\sum_j w_{ij}(d)(z_i-z_{\text{mean}}) \tag{6-9}$$

式中，z_i 为变量在位置 i 的属性值；z_{mean} 为变量的平均值；w_{ij} 为相邻权重（通常规定，若空间单元 i 和 j 相邻，$w_{ij}=1$，否则 $w_{ij}=0$）；d =30 m。I_i 系数的取值在-1 至 1 之间，小于 0 表示负相关，呈现空间分散格局；等于 0 表示不相关，在空间上随机分布；大于 0 表示正相关，呈现高高聚集和低低聚集的分布格局。如图 6-22 所示，0 为非研究对象，假设 1 为不透水面，其在图 6-22（a）、（b）、（c）中所占比例都是相同的（25/49，大约 51%），即覆盖度一样，但是其空间分布格局显著不同，可以用局部自相关指数来度量（Zheng et al.，2014）。

0	0	0	0	0	0	0
0	1	1	1	1	1	0
0	1	1	1	1	1	0
0	1	1	1	1	1	0
0	1	1	1	1	1	0
0	1	1	1	1	1	0
0	0	0	0	0	0	0

（a）局部自相关指数=0.52
聚集分布格局

1	0	0	0	0	0	1
1	1	0	1	0	1	1
0	0	1	1	1	0	0
0	1	1	1	1	1	0
0	0	1	1	1	0	0
1	1	0	1	0	1	1
1	0	0	0	0	0	1

（b）局部自相关指数=0.05
随机分布格局

1	0	1	0	1	0	1
0	1	0	0	0	1	0
1	0	1	1	1	0	1
0	1	0	1	0	1	0
1	0	1	1	1	0	1
0	1	0	0	0	1	0
1	0	1	0	1	0	1

（c）局部自相关指数=-0.71
分散分布格局

图 6-22　以局部自相关指数度量的地表组成空间格局特征

从图 6-23～图 6-26 和表 6-10 地表组成的空间自相关随粒度的变化特征可以看出，在各粒度水平下，全局自相关指数大于 0，中心城区地表组成存在一定的正相关关系，随着粒度的增大，曲线值呈现下降的趋势。在 60 m 范围内，全局自相关指数有急剧下降的趋势。当粒度大于 60 m，曲线逐渐平缓，即地表组成在空间分布上的相关性有明显的尺度特征。当粒度小于 60 m 时，各地表组成在邻近范围内变化表现出一定相似性，而当粒度逐渐增加时，相邻地表组成的差异性增加，相似性减小。很明显，60 m 的粒度水平是地表组成自相关对尺度响应的一个敏感尺度，60 m 分辨率是地表组成的本征尺度。当粒度大于 60 m，地表组成的空间分布依赖性减小，尺度效应减弱。

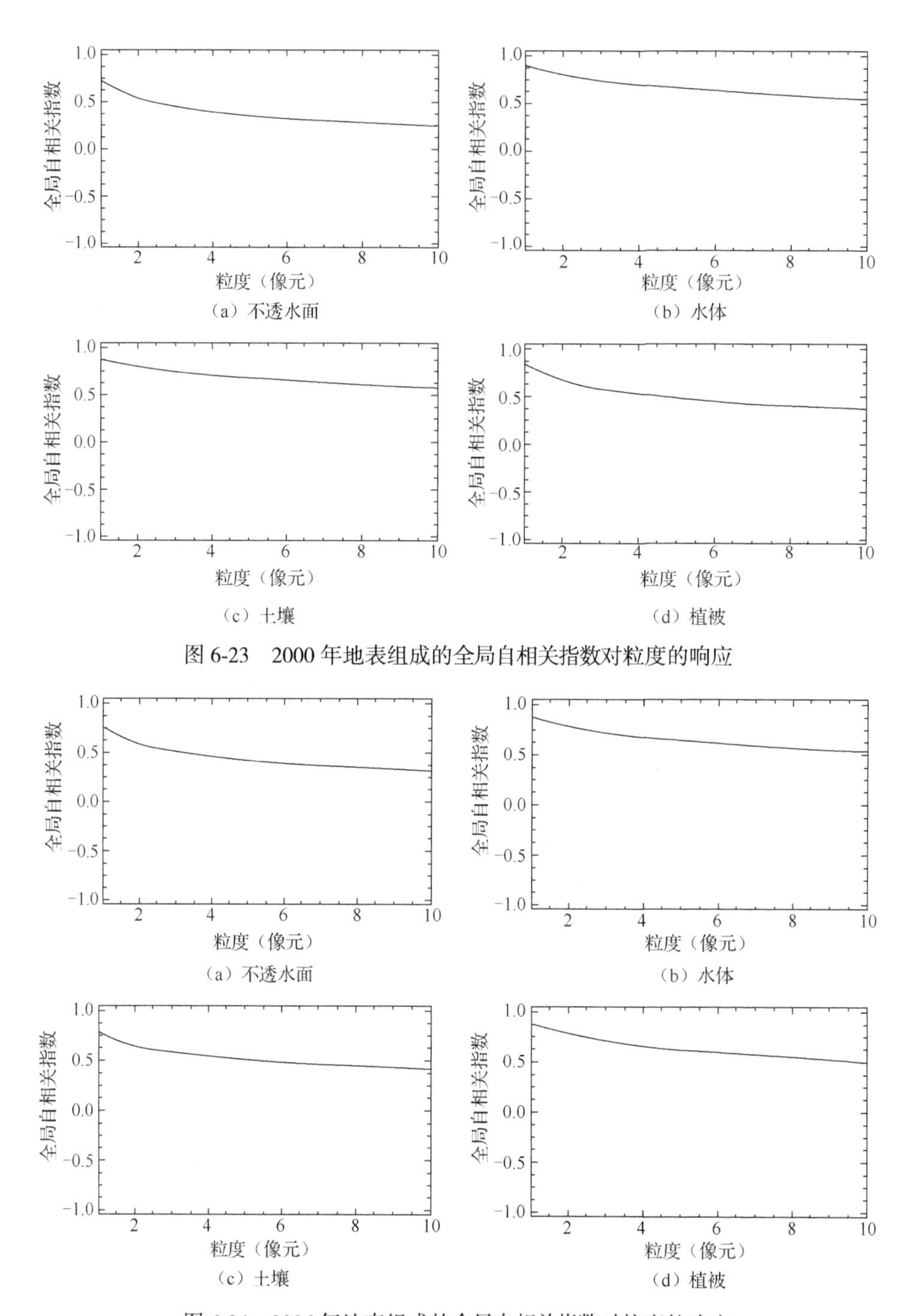

图 6-23　2000 年地表组成的全局自相关指数对粒度的响应

（a）不透水面
（b）水体
（c）土壤
（d）植被

图 6-24　2006 年地表组成的全局自相关指数对粒度的响应

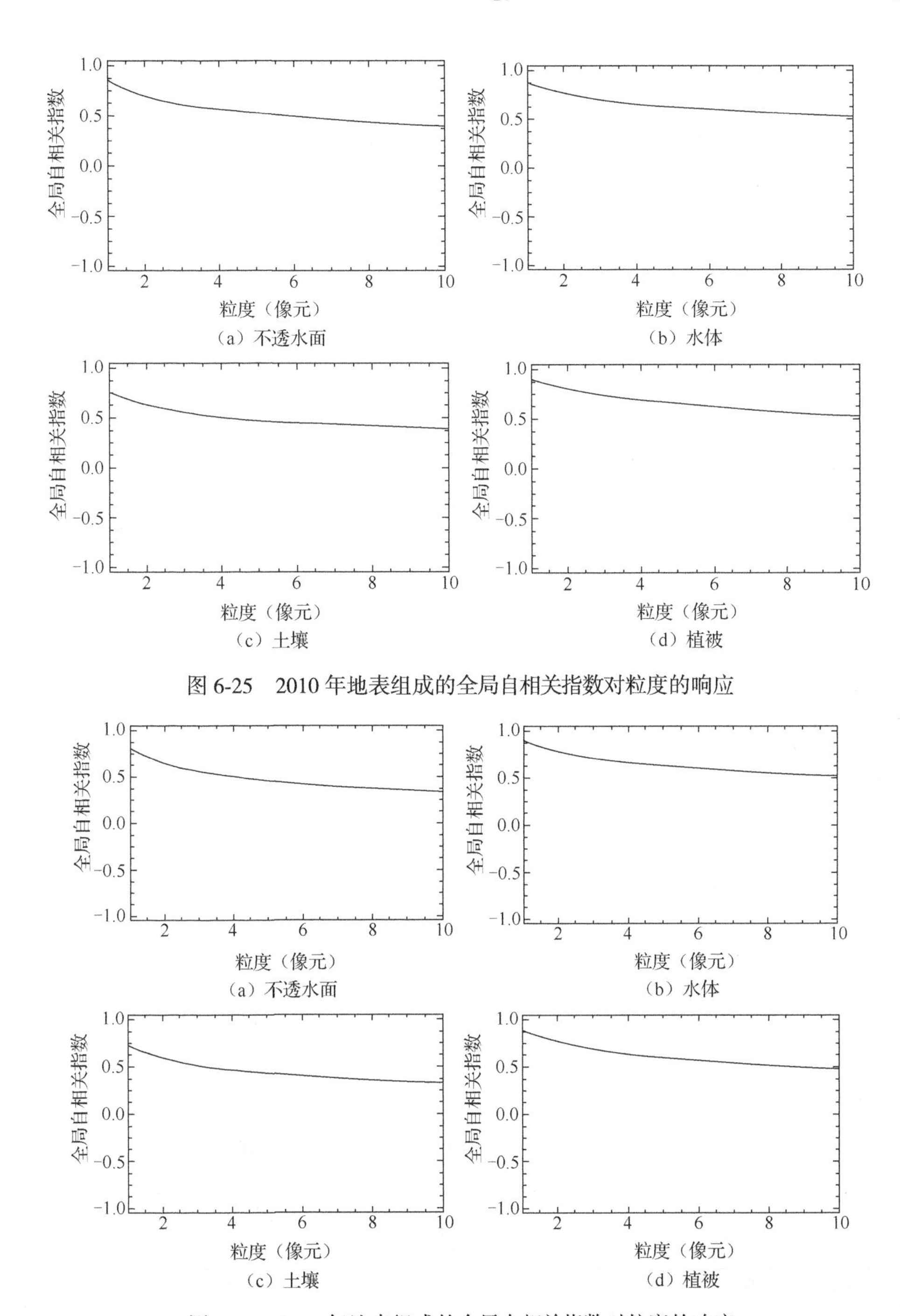

（a）不透水面
（b）水体
（c）土壤
（d）植被

图 6-25　2010 年地表组成的全局自相关指数对粒度的响应

（a）不透水面
（b）水体
（c）土壤
（d）植被

图 6-26　2015 年地表组成的全局自相关指数对粒度的响应

表 6-10　地表组成空间自相关指数对粒度变化的响应

粒度（像元）	2000 年				2006 年			
	不透水面	水体	土壤	植被	不透水面	水体	土壤	植被
lag 1	0.709	0.866	0.788	0.798	0.736	0.862	0.699	0.856
lag 2	0.511	0.718	0.668	0.604	0.545	0.714	0.519	0.707
lag 3	0.418	0.635	0.597	0.5	0.466	0.631	0.449	0.623
lag 4	0.363	0.579	0.552	0.436	0.413	0.576	0.402	0.565
lag 5	0.323	0.534	0.517	0.389	0.374	0.533	0.367	0.522
lag 6	0.295	0.496	0.49	0.352	0.344	0.497	0.34	0.487
lag 7	0.272	0.465	0.465	0.322	0.32	0.466	0.316	0.457
lag 8	0.253	0.438	0.444	0.297	0.3	0.438	0.297	0.43
lag 9	0.238	0.414	0.426	0.276	0.283	0.415	0.28	0.407
lag 10	0.224	0.394	0.411	0.258	0.268	0.395	0.266	0.387

粒度（像元）	2010 年				2015 年			
	不透水面	水体	土壤	植被	不透水面	水体	土壤	植被
lag 1	0.816	0.861	0.669	0.886	0.782	0.875	0.686	0.85
lag 2	0.642	0.724	0.452	0.759	0.588	0.743	0.503	0.697
lag 3	0.556	0.653	0.37	0.685	0.491	0.671	0.412	0.608
lag 4	0.499	0.608	0.316	0.634	0.43	0.623	0.357	0.546
lag 5	0.456	0.574	0.276	0.594	0.386	0.587	0.32	0.499
lag 6	0.421	0.547	0.248	0.561	0.349	0.556	0.291	0.461
lag 7	0.393	0.523	0.225	0.534	0.319	0.53	0.266	0.428
lag 8	0.368	0.502	0.205	0.51	0.295	0.507	0.245	0.4
lag 9	0.347	0.484	0.189	0.489	0.273	0.486	0.226	0.375
lag 10	0.328	0.468	0.176	0.472	0.255	0.468	0.21	0.353

注：lag 表示间隔。

2000～2010 年不透水面的全局自相关指数在各粒度水平下均逐年增加，研究区不透水面的相关性越来越大，而水体和土壤的全局自相关指数逐年下降，植被的全局自相关指数逐年升高，2010～2015 年不透水面和植被的全局自相关指数有所减小，水体和土壤的全局自相关指数增大。2000～2015 年，不透水面和植被盖度的全局自相关指数先增大后减小，即不透水面和植被的空间邻接关系表现为从分散到聚集再到分散的过程；水体和土壤的全局自相关指数是先减小后增大，空间邻接关系是从聚集到分散再到聚集的过程。

由图 6-27 和图 6-28 可以看出，植被和水体的局部自相关指数由小变大，即空间分布特征表现为分散-聚集的格局特征；不透水面局部空间自相关指数先变大后变小，呈现分散-聚集-分散的空间分布特征；土壤的空间分布由聚集到分散；水体的空间分布特征变化较小，2015 年相对于 2000 年、2006 年和 2010 年水体局部自相关指数增大，分布更加集中。

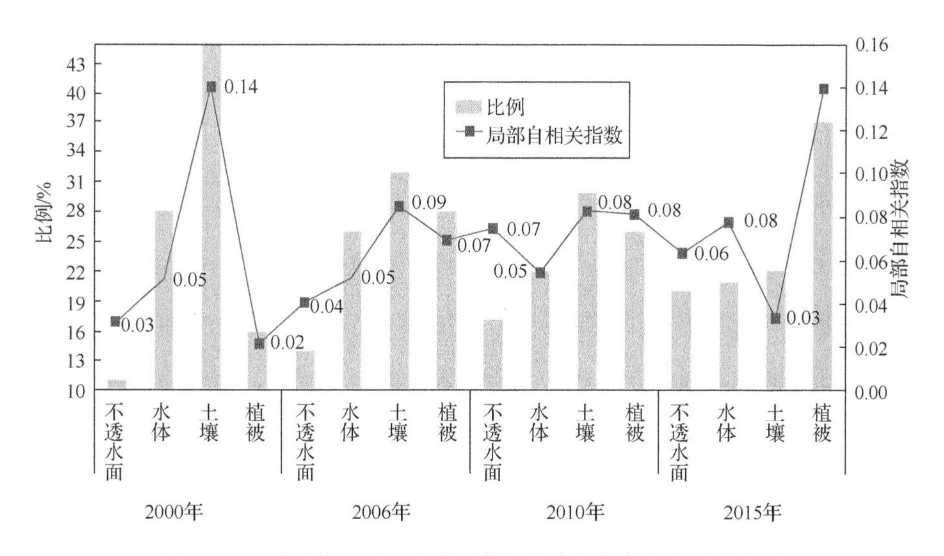

图 6-27　4 个时期地表组成的平均局部自相关指数和盖度变化

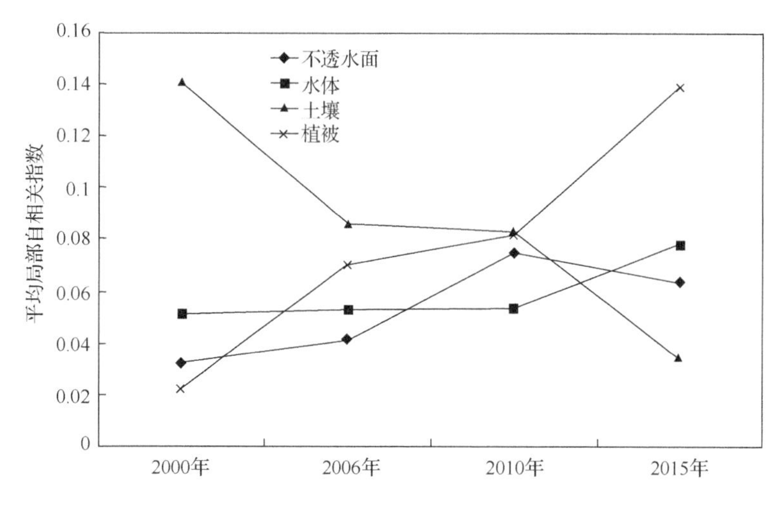

图 6-28 历年地表组成的平均局部自相关性指数变化图

由地表组成的局部自相关指数大小（图 6-29～图 6-32）可以看出，2000 年不透水面主要集中在研究区中部偏东，水体主要集中在松花江流域，西北部水体较分散，土壤主要分布在西部和东部农耕地。植被主要分布在研究区四周且较分散。2006 年不透水面向研究区东北部扩展且分布集中，同时西北部和西南部出现不透水面，较小距离内分布集中。2006 年水体分布特征较 2000 年无明显变化，土壤主要集中分布在西北部，植被分布在研究区四周，向环路内部扩展且小范围内有聚集现象。2010 年不透水面呈现研究区中部分布较分散向四周扩展并沿主要交通路线集中分布，西北部和西南部不透水面由 2010 年前的零星分布转为较集中分布，除松花江流域主体附近湿地、滩涂成为水体分布区域，同时研究区中心有少量水体分布。2015 年中心城区高密度的不透水面比较集中，多为城市的商业区；中部不透水面较分散，因为有绿地、水体、裸土等散布其中，松花江水域附近，零星的不透水面分散其中（局部自相关指数小于 0），西北部不透水面分布也较之前年份出现聚集现象。

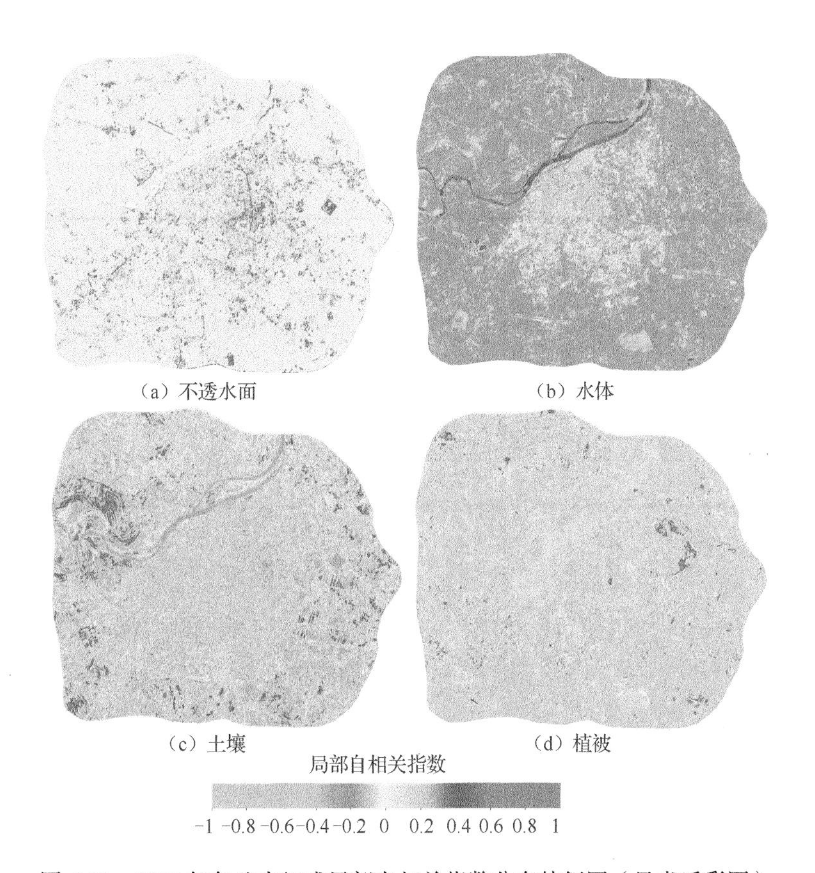

图 6-29　2000 年各地表组成局部自相关指数分布特征图（见书后彩图）

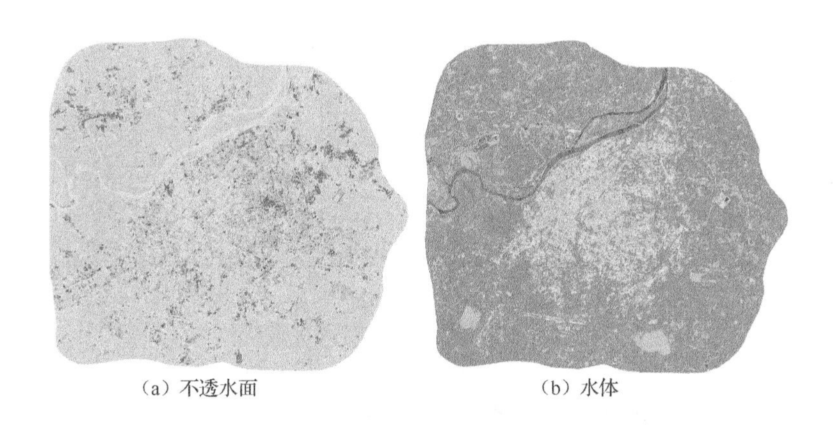

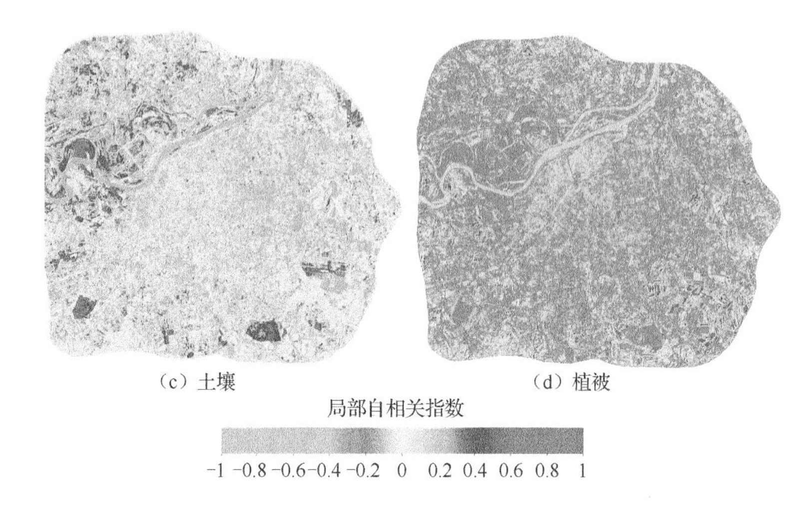

图 6-30 2006 年各地表组成局部自相关指数分布特征图（见书后彩图）

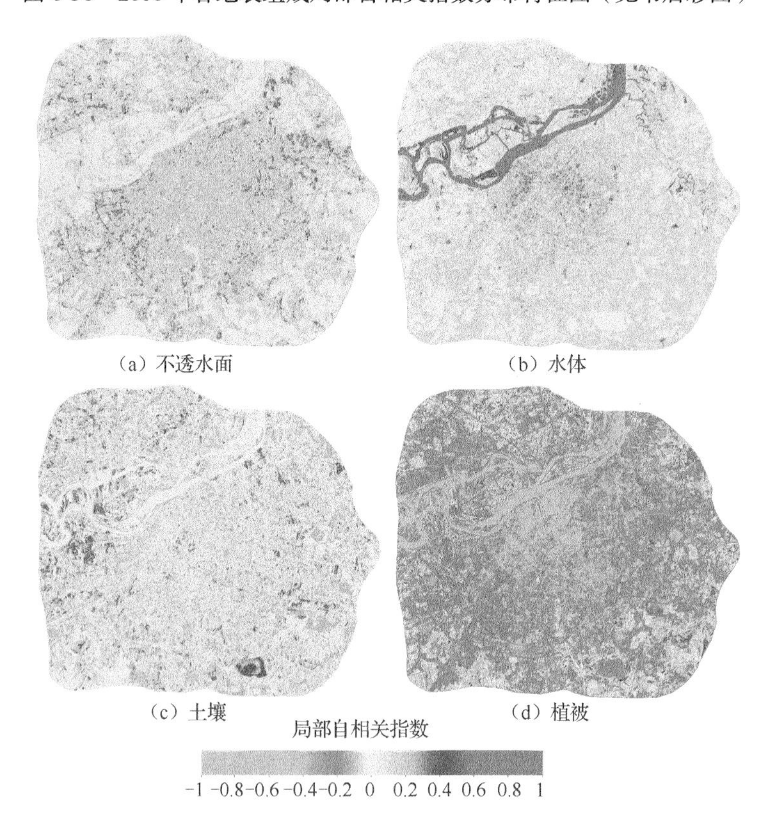

图 6-31 2010 年各地表组成局部自相关指数分布特征图（见书后彩图）

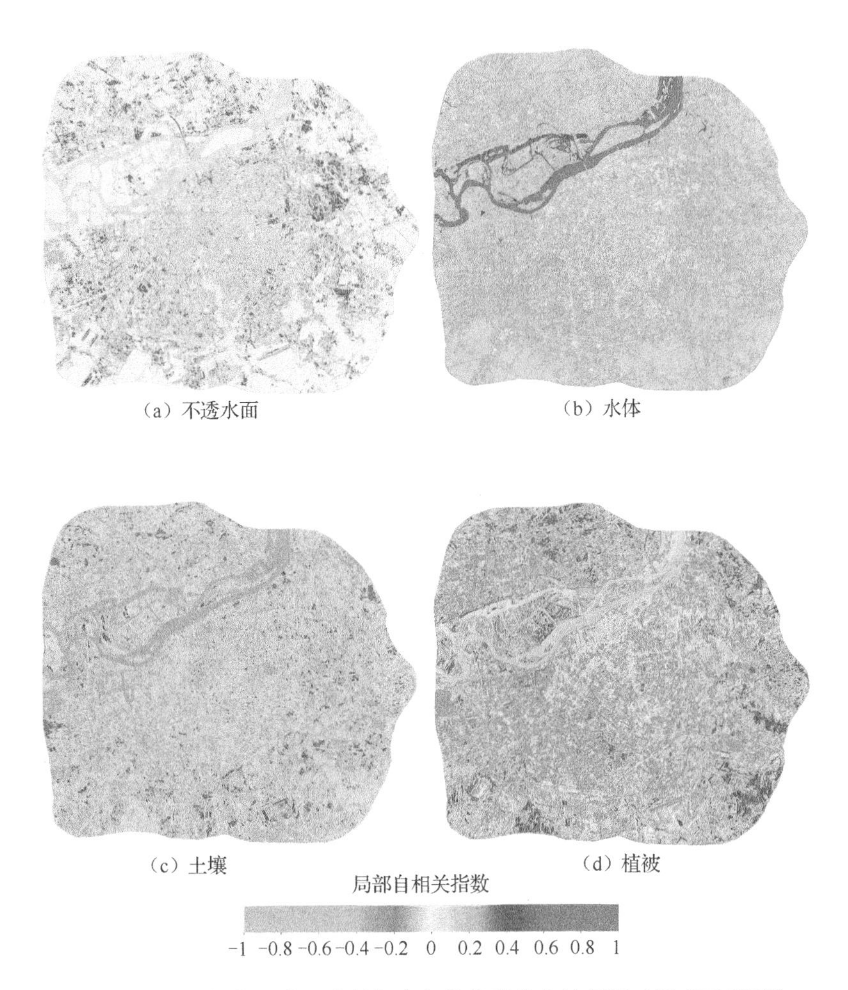

图 6-32 2015 年各地表组成局部自相关指数分布特征图（见书后彩图）

6.5.2 地表组成的局部自相关指数与地表温度相关性研究

如图 6-33～图 6-36、表 6-11 所示，2000 年水体和不透水面的局部自相关指数和地表温度的相关性较大。2006 年和 2010 年植被和不透水面的局部自相关指数对地表温度的影响较大。2015 年植被、不透水面和水体的局部自相关指数和地表温度相关性较大，即其空间分布对地表温度的影响都较大，相比较而言，土壤的空间分布对地表温度的影响较小。2000～2015 年不透水面和植被的局部自相关指数和地表温度的相关性越来越大，即两者的空间分布特征对温度的调节作用较强。

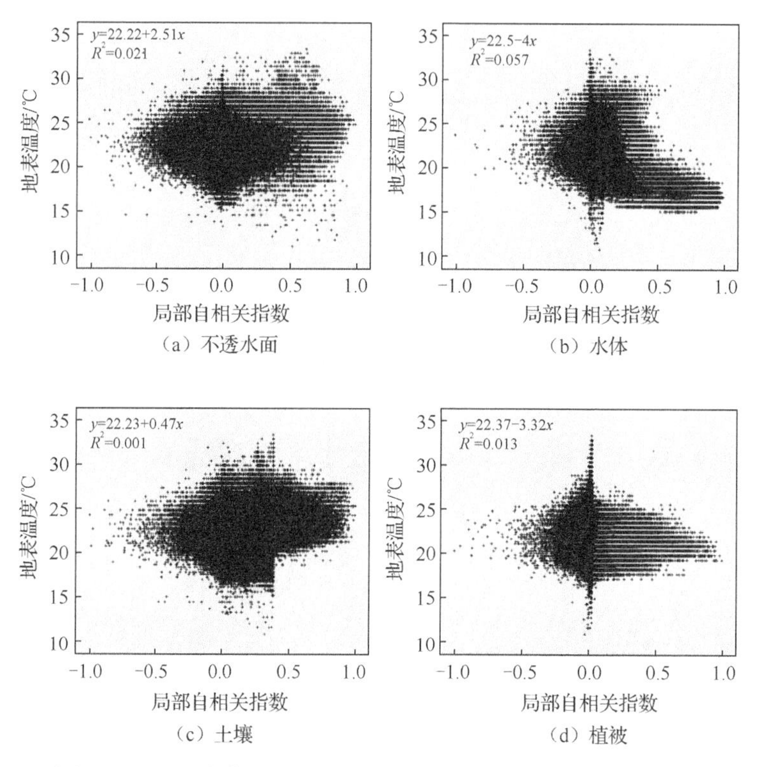

（a）不透水面　　（b）水体

（c）土壤　　（d）植被

图 6-33　2000 年各地表组成局部自相关指数和地表温度散点图

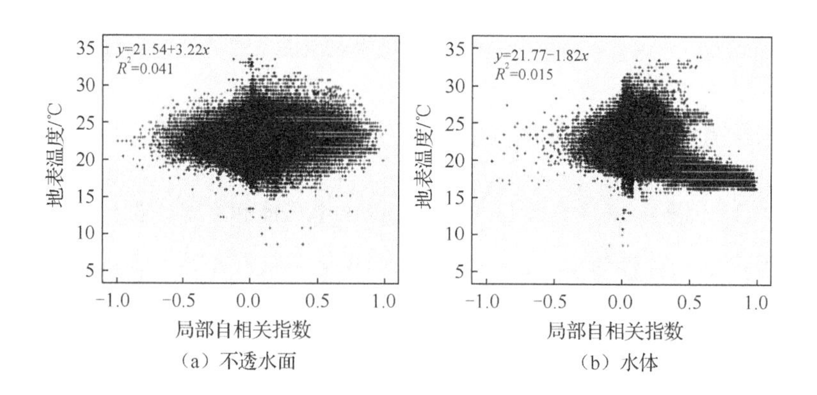

（a）不透水面　　（b）水体

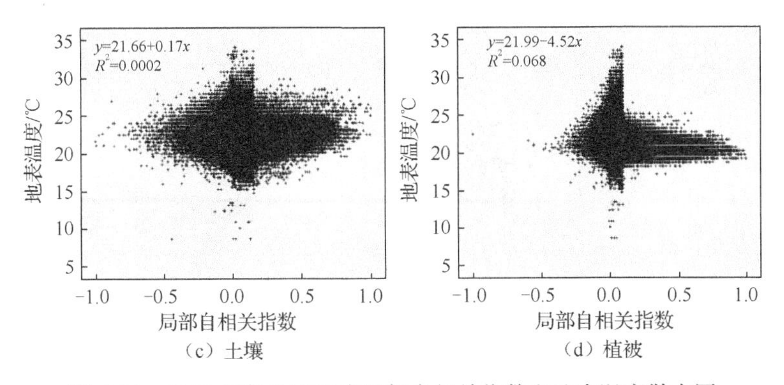

（c）土壤　（d）植被

图 6-34　2006 年各地表组成局部自相关指数和地表温度散点图

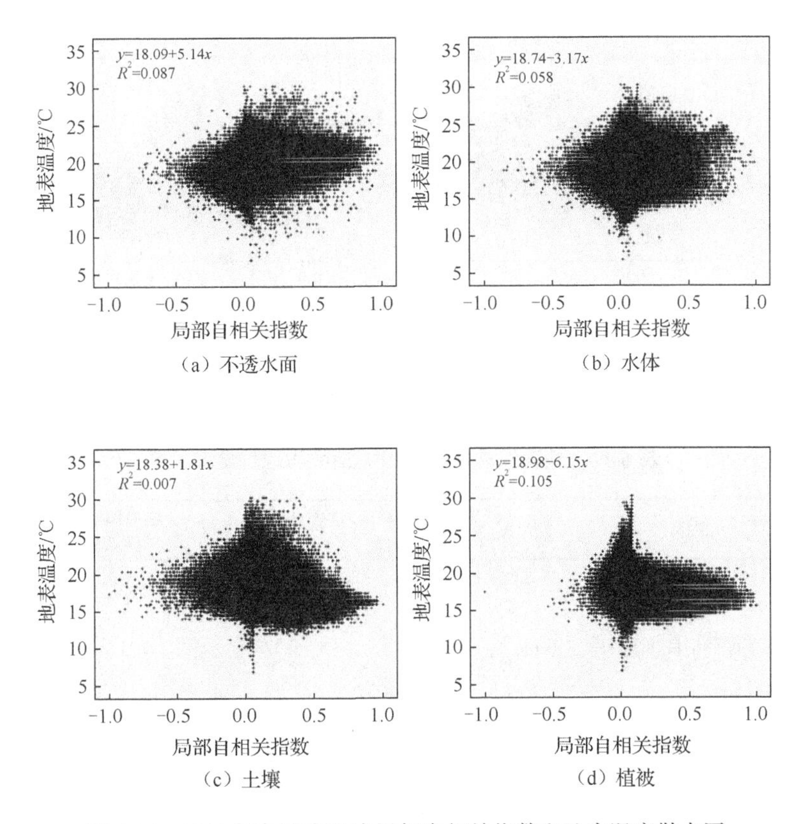

（a）不透水面　（b）水体

（c）土壤　（d）植被

图 6-35　2010 年各地表组成局部自相关指数和地表温度散点图

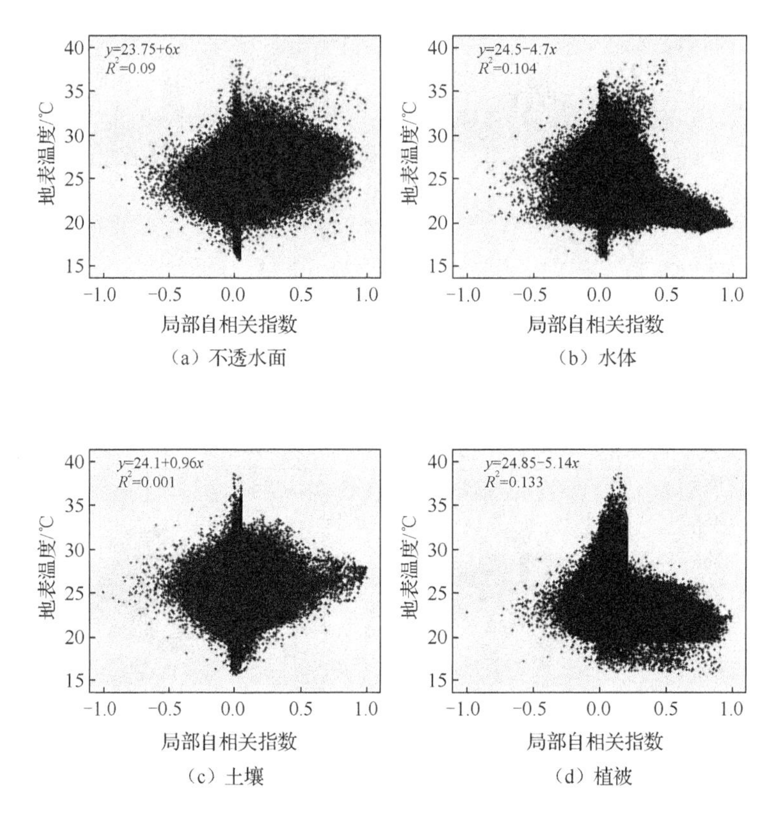

图 6-36 2015 年各地表组成局部自相关指数和地表温度散点图

表 6-11 地表组成局部自相关指数和地表温度关系

年份	指标	地表温度	不透水面局部自相关指数	水体局部自相关指数	土壤局部自相关指数	植被局部自相关指数
2000	地表温度	1	0.146**	−0.239**	0.036**	−0.113**
	不透水面局部自相关指数	0.146**	1	−0.072**	0.217**	−0.032**
	水体局部自相关指数	−0.239**	−0.072**	1	0.054**	−0.025**
	土壤局部自相关指数	0.036**	0.217**	0.054**	1	−0.002
	植被局部自相关指数	−0.113**	−0.032**	−0.025**	−0.002	1

续表

年份	指标	地表温度	不透水面局部自相关指数	水体局部自相关指数	土壤局部自相关指数	植被局部自相关指数
2006	地表温度	1	0.204**	−0.123**	0.013**	−0.261**
	不透水面局部自相关指数	0.204**	1	−0.104**	0.091**	−0.073**
	水体局部自相关指数	−0.123**	−0.104**	1	−0.024**	−0.007**
	土壤局部自相关指数	0.013**	0.091**	−0.024**	1	−0.187**
	植被局部自相关指数	−0.261**	−0.073**	−0.007**	−0.187**	1
2010	地表温度	1	0.294**	0.085**	−0.240**	−0.325**
	不透水面局部自相关指数	0.294**	1	−0.069**	−0.131**	−0.151**
	水体局部自相关指数	0.085**	−0.069**	1	−0.126**	−0.082**
	土壤局部自相关指数	−0.240**	−0.131**	−0.126**	1	−0.059**
	植被局部自相关指数	−0.325**	−0.151**	−0.082**	−0.059**	1
2015	地表温度	1	0.300**	−0.323**	0.033**	−0.365**
	不透水面局部自相关指数	0.300**	1	−0.168**	−0.011**	−0.092**
	水体局部自相关指数	−0.323**	−0.168**	1	0.003**	0.027**
	土壤局部自相关指数	0.033**	−0.011**	0.003**	1	−0.082**
	植被局部自相关指数	−0.365**	−0.092**	0.027**	−0.082**	1

**代表在 0.01 水平（双侧）上显著相关。

2000 年水体的局部自相关指数和地表温度的相关性最大（R^2=0.057），土壤的局部自相关指数和地表温度相关性较小（R^2<0.004）。2006 年不透水面和植被的局部自相关指数和地表温度的相关系数较大（R^2>0.04）。2010 年不透水面的局部自相关指数和地表温度的相关性系数 R^2=0.087，植被的局部自相关指数与地表温度的相关系数 R^2=0.105。2015 年植被、不透水面和水体的局部自相关指数和地表温度的相关系数依次为 R^2=0.133、R^2=0.09 和 R^2=0.104。

6.5.3 城市不透水面的空间分布特征对地表温度的影响

为进一步研究不透水面构成和空间分布对地表温度的影响，本章研究不同盖度下不透水面与地表温度的关系以及不透水面的空间聚集状况对城市热岛的影响。

图 6-37 为几个 5×5 像元的样区不透水面比例变化及分布变化时，相应的温度变化。不透水面所占比例越小，空间分布格局越分散，地表温度越低。相反当不透水面比例越大，空间分布格局趋于集中，地表温度相对较高。不透水面比例相同时，当不透水面的空间分布发生变化时，地表温度也发生变化。

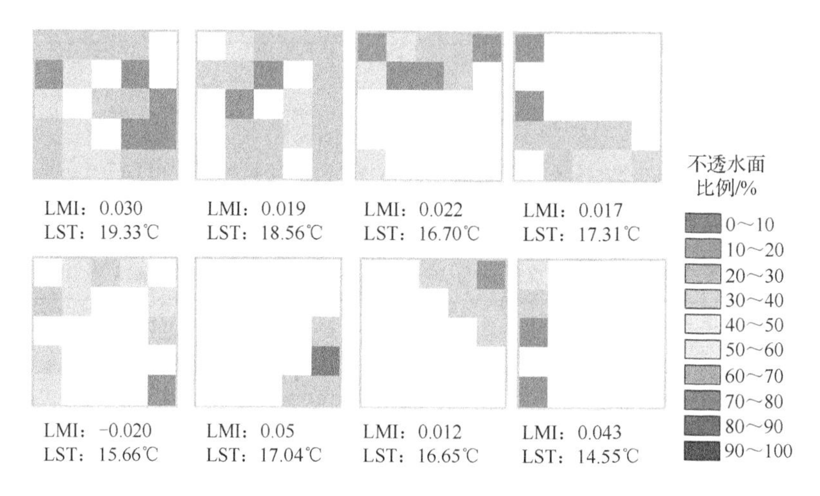

图 6-37　不透水面比例和空间分布变化及相应地表温度变化的几个例子

LMI 代表局部自相关指数

为了更细致研究不同尺度区间不透水面比例和空间分布与地表温度的关系，将不透水面划分为 0～5%、5%～25%、25%～50%、50%～75%和 75%～100% 5 个区间和 0～10%、10%～20%、20%～30%、30%～40%、40%～50%、50%～60%、60%～70%、70%～80%、80%～90%和 90%～100% 10 个区间（Gallo and Xian，2014）。由图 6-37 可以看出，不透水面比例及局部自相关指数变化时，地表温度会有相应的变化。我们在研究区选择足够多的像元，统计在不同区间范围内不透水面比例和空间分布变化与地表温度的相关性（表 6-12）。

表 6-12 不透水面和局部自相关性指数与地表温度相关性分析

不透水面比例/%	像元总数	地表温度与不透水面相关系数	局部自相关指数			地表温度与不透水面局部自相关指数的相关系数
			最小值	最大值	平均值	
0～5	6 272	−0.006	−0.983	0.698	−0.219	−0.009
5～25	22 026	−0.004	−0.651	0.172	−0.027	−0.059**
25～50	33 188	−0.051**	−0.552	0.438	0.034	0.235**
50～75	19 188	0.128**	−0.883	0.761	0.194	0.266**
75～100	8 859	−0.045**	−1	0.952	0.457	0.166**
0～10	6 237	0.043**	−0.983	0.519	−0.229	0.003
10～20	13 937	−0.01	−0.354	0.022	−0.022	−0.082**
20～30	15 242	0.009	−0.212	0.132	0.004	0.205**
30～40	18 632	−0.015*	−0.382	0.239	0.023	0.231**
40～50	24 273	−0.020**	−0.608	0.357	0.061	0.253**
50～60	25 528	0.081**	−0.715	0.508	0.144	0.249**
60～70	21 958	0.049**	−0.883	0.737	0.269	0.209**
70～80	16 043	0.026**	−1	0.772	0.407	0.210**
80～90	9 839	−0.009	−0.881	0.905	0.535	0.214**
90～100	4 417	−0.018	0.032	0.997	0.66	0.245**

*在 0.05 水平（双侧）上显著相关；**在 0.01 水平（双侧）上显著相关；区间数据含右不含左，下同。

当 0＜不透水面比例≤5%时，此时不透水面比例较小，不透水面比例和局部自相关指数与地表温度的相关性不显著，在中心城区不透水面比例较小时，植被、水体表现为降温效应，而且当水体、植被呈聚集状态时，降温作用较明显，不透水面对地表温度的影响最小。在 25%＜不透水面比例≤50%时，不透水面局部自相关指数与地表温度相关系数为 0.235，在 0.01 水平上显著相关，当 40%＜不透水面比例≤50%时，地表温度与不透水面的局部自相关指数的相关系数为 0.253，在 0.01 水平上显著相关。相对其他变化区间，可以看出当不透水面比例接近 50%时，不透水面空间分布变化与地表温度的相关性最强。当 50%＜不透水面比例≤75%

时，不透水面比例变化和局部自相关指数与地表温度相关性最强。当 50%＜不透水面比例≤60%时，地表温度与不透水面比例大小和局部自相关指数的相关性也较强，因此，当不透水面比例大于 50%时，不透水面比例和空间分布变化对地表温度的影响都增大。而当不透水面比例大于 80%时，不透水面比例大小与地表温度有显著的负相关关系，此时随着比例增大，地表温度有降低趋势，高比例的不透水面可能为新的建筑物，不透水面为高反照率材质，地表温度较低。

参 考 文 献

蔡运龙. 2001. 土地利用/土地覆被变化研究: 寻求新的综合途径. 地理研究, 20(6): 645-652.

蔡云鹏. 1990. 城乡结合部发展战略的初步研究. 城市: 20-24.

陈浮, 陈刚, 包浩生, 等. 2001. 城市边缘区土地利用变化及人文驱动力机制研究. 自然资源学报, 16(3): 204-210.

陈继勇. 2003. 城市化进程中城乡结合部管理问题研究. 西安: 西安建筑科技大学.

陈健飞, 林征, 陈颖彪. 2009. 基于高光谱线性混合光谱分解识别人工地物. 应用基础与工程科学学报, 17(2): 206-218.

陈佑启. 1995. 城乡交错带名辨. 地理学与国土研究, 11(1): 47-52.

程连生, 赵红英. 1995. 北京城市边缘带探讨. 北京师范大学学报(自然科学版), (1): 127-133.

崔功豪, 武进. 1990. 中国城市边缘区空间结构特征及其发展——以南京等城市为例. 地理学报, 45(4): 399-411.

崔开俊, 石诗源. 2007. 南通市区土地利用现状与结构分析. 安徽农业科学, 35(24): 7506-7507.

党安荣, 贾海峰, 陈晓峰, 等. 2010. ERDAS IMAGINE 遥感图像处理教程. 北京: 清华大学出版社.

戴晓燕, 张立权, 过仲阳, 等. 2009. 上海城市热岛效应形成机制及空间格局. 生态学报, 29(7): 3995-4004.

冯德俊, 李永树, 邓芳. 2004. 基于小波系数差值法的变化信息自动发现. 遥感信息, (2): 13-15.

冯悦怡, 胡潭高, 张力小. 2014. 城市公园景观空间结构对其热环境效应的影响. 生态学报, 34(12): 3179-3187.

范念母. 1991. 北京市近郊区乡域规划——城乡结合部规划探析. 城市规划, (6): 12-18.

付强, 岳继光, 萧蕴诗. 2007. Karhunen-Loeve 变换在地震数据滤波中的应用. 计算机辅助工程, 16(2): 56-61.

高志宏, 张路, 李新延, 等. 2010. 城市土地利用变化的不透水面覆盖度检测方法. 遥感学报, 14(3): 593-606.

龚道溢, 史培军, 陈浮, 等. 2001. 城市边缘区土地利用变化及人文驱动力机制研究. 自然资源学报, 16(3): 204-210.

顾朝林. 1995. 中国大城市边缘区研究. 北京: 科学出版社.

郭冠华, 吴志峰, 刘晓南. 2015. 城市热环境季相变异及与非渗透地表的定量关系分析——以广州市中心区为例. 生态环境学报, 24(2): 270-277.

哈尔滨市统计局, 国家统计局哈尔滨调查队. 2006. 哈尔滨统计年鉴. 北京: 中国统计出版社.

韩春峰, 张友水, 陈友飞. 2010. 多时相影像福州市不透水面对城市地表温度的空间分布研究, 遥感信息, (6): 82-89.

韩玲玲, 费鲜芸, 田牧歌. 2012. 面向对象的泰安市城市附属绿地信息提取. 淮海工学院学报(自然科学版), 21(3): 43-47.

韩美琴. 2007. 城乡结合部土地利用结构变化与可持续利用研究——以柳州市为例. 武汉: 华中农业大学.

胡道生, 陈文艳, 罗涟玲, 等. 2012. 喀斯特城市不透水面对地表温度影响分析. 广西物理, (3): 25-27.

胡瀚文, 魏本胜, 沈兴华, 等. 2013. 上海市中心城区城市用地扩展的时空特征. 应用生态学报, 24(12): 3439-3445.

黄海霞. 2011. 时间序列的中低分辨率遥感数据反射波段交叉辐射定标方法研究. 北京: 中国石油大学.

黄辉玲, 吴次芳. 2009. 基于可拓学的生态市建设评价——以哈尔滨市为例. 地理科学, 29(5): 651-657.

黄思琴, 陈英, 张仁陟, 等. 2015. 基于景观指数的耕地细碎化与农业经济水平的空间相关性分析. 干旱地区农业研究, 33(3):238-244.

黄艳妮. 2012. 基于LSMM的遥感估算方法在城市不透水面提取中的研究与应用——以合肥市为例. 芜湖: 安徽师范大学.

江丽莎. 2014. 喀斯特城市地表温度影响因素的遥感反演与分析. 桂林: 广西师范大学.

姜博, 初楠臣, 孙雪晶, 等. 2015. 哈大齐城市密集区空间经济联系测度及其动态演进规律. 干旱区资源与环境, 29(4): 59-64.

姜洋. 2014. 浙江省不透水面时空演变及与城市热环境的相关分析. 南京: 南京大学.

蒋毓琪, 孙鹏举, 刘学录. 2013. 城乡结合部土地利用变化的驱动要素分析——以兰州市和平镇为例. 甘肃农业大学学报, 48(3): 110-115.

李斌侠, 臧淑英, 吴长山, 等. 2016. 综合典型地表组成的城市地表温度估算. 测绘科学, 41(2): 87-91.

李春林, 刘淼, 胡远满, 等. 2014. 基于增强回归树和Logistic回归的城市扩展驱动力分析. 生态学报, 34(3): 727-737.

李君. 2008. 线性与非线性混合像元分解模型的比较研究. 哈尔滨: 东北林业大学.

李莉. 1989. 论城乡结合部生态经济的特点及其对策. 生态经济, (2): 3-4.

李宜龙, 殷晓冬, 张立华, 等. 2006. 交叉检查在多波束测深精度评估和误差分析中的应用. 海洋技术学报, 25(1): 119-123.

李素, 李文正, 周建军, 等. 2007. 遥感影像混合像元分解中的端元选择方法综述. 地理与地理信息科学, 23(5): 35-38.

李颖. 2012. 发达城市城乡结合地带居住环境规划设计研究. 济南: 山东轻工业学院.

李薇薇. 2008. 城乡边缘土地利用的博弈论分析. 鞍山: 辽宁科技大学.

梁顺林. 2009. 定量遥感. 北京: 科学出版社.

廖吉善. 2011. 基于生态位模型研究血吸虫病在中国的潜在传播风险. 长沙: 中南大学.

蔺卿, 罗格平, 陈曦. 2005. LUCC 驱动力模型研究综述. 地理科学进展, 24(5): 79-87.

柳中权. 1992. 近年城市社会学研究中的两个热点问题. 城市问题, (2): 16-19.

刘东, 李艳, 孔繁花. 2013. 中心城区地表温度空间分布及地物降温效应——以南京市为例. 国土资源遥感, 25(1): 117-122.

刘纪远, 张增祥, 徐新良, 等. 2010. 21 世纪初中国土地利用变化的空间格局与驱动力分析. 地理学报, 64(12): 1411-1420.

刘庆. 2004. 北京市城乡结合部农村居民点用地趋势及对策研究——以海淀区为例. 北京: 中国农业大学.

刘小平, 邓孺孺, 彭晓鹃, 等. 2005. 基于 TM 影像的快速大气校正方法. 地理科学, 25(1): 87-93.

刘艳红, 郭晋平, 魏清顺. 2012. 基于 CFD 的城市绿地空间格局热环境效应分析. 生态学报, 32(6): 1951-1959.

刘珍环, 王仰麟, 彭建, 等. 2011. 基于不透水表面指数的城市地表覆被格局特征——以深圳市为例. 地理学报, 66(7): 961-971.

刘珍环, 王仰麟, 彭建. 2012. 深圳市不透水表面的遥感监测与时空格局. 地理研究, 31(8): 1535-1545.

陆海英. 2004. 基于 RS/GIS 的城乡结合部土地利用研究——以无锡市为例. 南京: 南京师范大学.

罗强. 2011. 基于遥感数据的乌梁素海水质参数及湿地演化反演研究. 呼和浩特: 内蒙古农业大学.

梅安新, 彭望琭, 秦其明, 等. 2001. 遥感导论. 北京: 高等教育出版社.

牟凤云, 张增祥, 迟耀斌, 等. 2007. 基于多源遥感数据的北京市1973～2005年间城市建成区的动态监测与驱动力分析. 遥感学报, 11(2): 257-268.

聂芹. 2013. 上海市城市不透水面及其热环境效应的分形研究. 上海: 华东师范大学.

彭文甫, 张东辉, 何政伟, 等. 2010. 成都市地表温度对不透水面的响应研究. 遥感信息, (2): 98-102.

彭文甫, 周介铭, 罗怀良, 等. 2011. 城市土地利用与地面热效应时空变化特征的关系——以成都市为例. 自然资源学报, 26(10): 1738-1749.

潘竟虎, 李晓雪, 刘春雨. 2009. 兰州市中心城区不透水面覆盖度的遥感估算. 西北师范大学学报, 45(4): 95-100.

齐信. 2010. 基于 3S 技术强震区地质灾害解译与危险性评价研究——以四川省北川县为例. 成都: 成都理工大学.

钱乐祥, 崔海山. 2008. 归一化水汽指数与地表温度的关系. 地理研究, 27(6): 1358-1366.

钱敏蕾, 徐艺扬, 李响, 等. 2015. 上海市城市化进程中热环境响应的空间评价. 中国环境科学, 35(2): 624-633.

乔延利, 郑小兵, 王先华, 等. 2006. 卫星光学传感器全过程辐射定标. 遥感学报, 10(5): 616-623.

覃志豪, Zhang M, Arnon K, 等. 2001. 用陆地卫星 TM6 数据演算地表温度的单窗算法. 地理学报, 56(4): 456-466.

邱春辉, 多美丽, 乔陆印, 等. 2012. 建设用地空间变化及驱动力分析——以西宁市中心城区为例. 资源与产业, 14(3): 123-127.

戎亚萍. 2013. 基于路况数据的交通流预测模型及其对比分析. 北京: 北京交通大学.

申文金. 2007. 中小城市边缘区土地价格评估研究——以德阳市为例. 雅安: 四川农业大学.

孙文文. 2008. 西安城市边缘区社区特征和发展规划研究——以西安市三兆村为例. 西安: 西北大学.

孙宇, 吴国平, 刘东. 2013. 中心城区不透水地面的自动提取——以南京市中心城区提取为例. 遥感信息, 28(6): 66-71.

史培军, 陈晋, 潘耀忠. 2000. 深圳市土地利用变化机制分析. 地理学报, 55(5): 151-160.

宋成舜, 周惠萍. 2010. 咸宁市中心城区土地利用研究. 江西农业学报, 22(11): 189-191.

宋戈, 吴次芳, 魏东辉. 2006. 哈尔滨市城乡结合部土地利用结构成因及优化对策. 经济地理, 26(2): 313-317.

宋戈, 高楠. 2008. 基于DEA方法的城市土地利用经济效益分析——以哈尔滨市为例. 地理科学, 28(2): 185-188.

宋开山, 刘殿伟, 王宗明, 等. 2008. 1954年以来三江平原土地利用变化及驱动力. 地理学报, 63(1): 93-104.

宋庆国. 2005. 西安市土地利用变化及驱动力机制研究. 西安: 长安大学.

苏里. 2009. 基于GIS技术的城乡结合部农村居民点整理研究. 泰安: 山东农业大学.

汤国安, 杨昕. 2006. 地理信息系统空间分析实验教程. 北京: 科学出版社.

唐菲, 徐涵秋. 2013. 城市不透水面与地表温度定量关系的遥感分析. 吉林大学学报(地球科学版), 43(6): 1987-1995.

唐菲, 徐涵秋. 2014. 高光谱与多光谱遥感影像反演地表不透水面的对比——以Hyperion和TM / ETM+为例. 光谱学与光谱分析, 34(4): 1075-1080.

唐华俊, 陈佑启. 2004. 中国土地利用/土地覆盖变化研究. 北京: 中国农业科学技术出版社.

唐乐乐. 2008. 郑州市城市边缘区空间形态及其发展研究. 开封: 河南大学.

田森. 2013. 城乡结合部耕地变化及驱动力研究——以河南省内黄县为例. 郑州: 河南农业大学.

涂人猛. 1991. 城市边缘区——它的概念、空间演变机制和发展模式. 城市问题, (4): 9-12.

王刚, 管东生. 2012. 植被覆盖度和归一化湿度指数对热力景观格局的影响——以广州为例. 应用生态学报, 23(9): 2429-2436.

王静爱, 何春阳, 董艳春, 等. 2002. 北京城乡过渡区土地利用变化驱动力分析. 地球科学进展, 17(2): 201-208.

王兰霞, 李巍, 王蕾. 2009. 哈尔滨市土地利用与生态环境物元评价. 地理研究, 28(4): 1001-1010.

王莉霞. 2008. 城市边缘区村落空间变动研究——以兰州市安宁区为例. 兰州: 西北师范大学.

王秀兰, 包玉海. 1999. 土地利用动态变化研究方法探讨. 地理科学进展, 18(1): 81-87.

王永洁, 朱秀丽. 1996. 城市边缘区概念及特征研究. 齐齐哈尔师范学报(自然科学版), 4(16): 72-74.

魏东辉, 宋戈, 武卉蕊. 2006. 哈尔滨市城乡结合部生态环境改造问题及对策研究. 东北农业大学学报(社会科学版), 4(3): 65-67.

魏锦宏, 谭春阳, 王勇山, 等. 2014. 中心城区不透水面与城市热岛效应关系研究. 测绘与空间地理信息, 37(4): 69-72.

吴传庆, 王桥, 杨志峰. 2006. 基于混合像元分解的水体遥感图像去云法. 遥感学报, 10(2): 176-183.
吴涛. 2009. 城市化进程中城乡结合部土地利用问题研究——以四川省达县城乡结合部为例. 重庆: 西南大学.
肖荣波, 欧阳志云, 李伟峰, 等. 2005. 城市热岛的生态环境效应. 生态学报, 25(8): 2055-2060.
肖荣波, 欧阳志云, 蔡云楠, 等. 2007. 基于亚像元估测的城市硬化地表景观格局分析. 生态学报, 27(8): 3189-3197.
徐涵秋. 2009. 城市不透水面与相关城市生态要素关系的定量分析. 生态学报, 29(5): 2456-2462.
徐涵秋. 2011. 基于城市地表参数变化的城市热岛效应分析. 生态学报, 31(14): 3890-3901.
徐丽华, 岳文泽. 2008. 城市公园景观的热环境效应. 生态学报, 28(4): 1702-1710.
徐双, 李飞雪, 张卢奔, 等. 2016. 长沙市热力景观空间格局演变分析. 生态学报, 35(11): 1-14.
徐勇, 马国霞, 沈洪泉. 2005. 北京丰台区土地利用变化及其经济驱动力分析. 地理研究, 24(6): 860-868.
徐振君. 2005. 大同市土地利用变化及其驱动力研究. 北京: 中国农业大学.
许雪琳, 赵天宇. 2015. 哈尔滨地区城市物流商贸区发展模式研究——以哈尔滨市“三马地区”为例. 中国科技论文, 10(1): 1-5.
叶明. 2000. 宁波城市边缘带研究. 宁波大学学报(理工版), 13(2): 16-20.
俞滨洋, 陈烨. 2006. 哈尔滨市城市规则工作探索与实践. 城市规划, (S1): 81–89.
岳文泽, 徐建华, 武佳卫, 等. 2006. 基于线性光谱分析的城市旧城改造空间格局遥感研究——以 1997～2000 年上海中心城区为例. 科学通报, 51(8): 966-974.
岳文泽, 吴次芳. 2007. 基于混合光谱分解的城市不透水面分布估算. 遥感学报, 11(6): 914-922.
岳文泽, 徐建华. 2008. 上海市人类活动对热环境的影响. 地理学报, 63(3): 247-256.
岳文泽, 徐丽华. 2013. 城市典型水域景观的热环境效应. 生态学报, 33(6): 1852-1859.
詹晓红. 2009. 宝鸡市土地利用变化及其驱动力研究. 咸阳: 西北农林科技大学.
张富刚, 郝晋珉, 姜广辉, 等. 2005. 中国城市土地利用集约度时空变异分析. 中国土地科学, 19(1): 23-29.
张静伟, 宋西德, 杨吉安, 等. 2010. 不同融合算法对 ETM＋遥感影像融合效果对比研究——以陕西安塞县和永寿县为例. 西北林学院学报, 25(5): 152-156.

张立波, 徐永杰, 刘敦森, 等. 2008. 基于遥感的县域土地利用时空变化分析——以江苏省丰县为例. 淮海工学院学报(自然科学版), 17(3): 66-69.

张利, 张丽娟, 周东颖, 等. 2012. 哈尔滨市道路系统与城市热岛关系研究. 地域研究与开发, 31(3): 78-82.

张建明, 许学强. 1997. 城乡边缘带研究的回顾与展望. 人文地理, 12(3): 9-12.

张明. 1991. 城市的增长边缘——规划与管理. 城市规划, (2): 42-45.

张路, 高志宏, 廖明生, 等. 2010. 利用多源遥感数据进行城市不透水面覆盖度估算. 武汉大学学报(信息科学版), 35(10): 1212-1216.

张宇, 陈龙乾, 王雨辰, 等. 2015. 基于 TM 影像的城市地表湿度对城市热岛效应的调控机理研究. 自然资源学报, 30(4): 629-640.

章文波, 方修琦, 张兰生. 1999. 利用遥感影像划分城乡过渡带方法的研究. 遥感学报, 3(3): 199-202.

赵文武, 傅伯杰, 陈利顶. 2002. 尺度推绎研究中的几点基本问题. 地球科学进展, 17(6): 905-911.

赵文武, 傅伯杰, 陈利顶. 2003. 景观指数的粒度变化效应. 第四纪研究, 23(3): 326-333.

赵晓燕. 2007. 基于 GIS 的西安市城市景观格局分析及其优化对策. 西安：西北大学.

赵宇鸾, 林爱文. 2008. 基于面向对象和多尺度影像分割技术的城市用地分类研究——以武汉市城市中心区为例. 国土资源科技管理, 25(5): 90-95.

郑柯炮, 张建明. 1999. 广州城乡结合部土地利用的问题及对策. 城市问题, (3): 46-48.

郑云. 2005. 区域土地利用/土地覆盖动态变化的驱动机制与过程研究. 福州: 福建农林大学.

周东颖, 张丽娟, 张利, 等. 2011. 城市景观公园对城市热岛调控效应分析——以哈尔滨市为例. 地域研究与开发, 30(3): 73-78.

周李萌. 2010. 城市边缘区域土地利用变化及其驱动力分析. 西安: 西北大学.

周云轩, 刘殿伟, 王磊, 等. 2004. 吉林省西部生态环境变化模型研究. 北京: 科学出版社.

朱会义, 何书金, 张明. 2001. 环渤海地区土地利用变化的驱动力分析. 地理研究, 20(6): 669-678.

宗玮. 2012. 上海海岸带土地利用/覆盖格局变化及驱动机制研究. 上海: 华东师范大学.

左玉强. 2003. 城乡结合部耕地转化动态研究——以太原市万柏林区为例. 北京: 中国农业大学.

庄大方, 刘纪远. 1997. 中国土地利用程度的区域分异模型研究. 自然资源学报, 12(2): 105-101.

Adams J B, Smith M O, Gillespie A R. 1993. Imaging spectroscopy: Interpretation based on spectral mixture analysis. Remote Geochemical Analysis: Elemental and Mineralogical Composition, 7: 145-166.

Adams J B, Sabol D E, Kapos V, et al. 1995. Classification of multispectral images based on fractions of endmembers: Application to land-cover change in the Brazilian Amazon. Remote Sensing of Environment, 52(2): 137-154.

Anselin L. 1995. Local indicator of spatial association-LISA. Geographical Analysis, 27(2): 91-115.

Andrews R B. 1942. Elements in the Urban-Fringe Pattern. Journal of Land & Public Utility Economics, 18(2): 169-183.

Arnold C L, Gibbons C J. 1996. Impervious surface coverage: The emergence of a key environmental indicator. Journal of the American Planning Association, 62(2): 243-258.

Bauer M E, Heinert N J, Doyle J K, et al. 2004. Impervious surface mapping and change monitoring using Landsat remote sensing. Colorado: ASPRS annual conference proceedings.

Bauer M E, Loffelholz B C, Wilson C B. 2008. Estimating and Mapping Impervious Surface Area by Regression Analysis of Landsat Imagery. Boca Raton: CRC Press.

Benz U C, Hofmann P, Willhauck G, et al. 2011. Multi-resolution, object-oriented fuzzy analysis of remote sensing data for GIS-ready information. ISPRS Journal of Photogrammetry and Remote Sensing, 58(3): 239-258.

Breiman L, Friedman J, Stone C J, et al. 1984. Classification and Regression Trees. Boca Raton: CRC press.

Brueckner J K. 2000. Urban sprawl: Diagnosis and remedies. International Regional Science Review, 23(2): 160-171.

Carlson T N, Ripley D A. 1997. On the relation between NDVI, fractional vegetation cover, and leaf area index. Remote Sensing of Environment, 62(3): 241-252.

Carlson T. 2007. An overview of the "Triangle Method" for estimating surface evapotranspiration and soil moisture from satellite imagery. Sensors, 7(8): 1612-1629.

Chang C I, Ji B H. 2006. Weighted abundance-constrained linear spectral mixture analysis. Geoscience and Remote Sensing, IEEE Transactions on, 44(2): 378-388.

Chen X L, Zhao H M, Li P X, et al. 2006. Remote sensing image-based analysis of the relationship between urban heat island and land use/cover changes. Remote Sensing of Environment, 104(2): 133-146.

Deng C B, Wu C S. 2012. BCI: A biophysical composition index for remote sensing of urban environments. Remote Sensing of Environment, 127(5): 247-259.

Deng C B, Wu C S. 2013a. A spatially adaptive spectral mixture analysis for mapping subpixel urban impervious surface distribution. Remote Sensing of Environment, 133: 62-70.

Deng C B, Wu C S. 2013b. Examining the impacts of urban biophysical compositions on surface urban heat island: A spectral unmixing and thermal mixing approach. Remote Sensing of Environment, 131: 262-274.

Elith J, Leathwick J R, Hastie T. 2008. A working guide to boosted regression trees. Journal of Animal Ecology, 77(4): 802-813.

Fan C, Myint S. 2014. A comparison of spatial autocorrelation indices and landscape metrics in measuring urban landscape fragmentation. Landscape & Urban Planning, 121(1): 117-128.

Flanagan M, Civco D L. 2001. Subpixel impervious surface mapping. Saint Louis: Proceedings of the 2001 ASPRS Annual Convention.

Fisher P. 1997. The pixel: A snare and a delusion. International Journal of Remote Sensing, 18(3): 679-685.

Foody G M. 1999. The continuum of classification fuzziness in thematic mapping. Photogrammetric Engineering and Remote Sensing, 65(4): 443-452.

Franke J, Roberts D A, Halligan K, et al. 2009. Hierarchical multiple endmember spectral mixture analysis (MESMA) of hyperspectral imagery for urban environments. Remote Sensing of Environment, 113(8): 1712-1723.

Freund Y, Schapire R E. 1997. A decision-theoretic generalization of on-line learning and an application to boosting. Journal of Computer and System Sciences, 55(1): 119-139.

Gallo K P, Mcnab A L, Karl T R, et al. 1993. The use of NOAA AVHRR data for assessment of the urban heat island effect. Journal of Applied Meteorology (United States), 32: 5(5): 899-908.

Gallo K, Xian G. 2014. Application of spatially gridded temperature and land cover data sets for urban heat island analysis. Urban Climate, 8: 1-10.

Gillespie A R, Smith M O, Adams J B, et al. 1990. Interpretation of residual images: Spectral mixture analysis of AVIRIS images//Proceedings of the 2nd airborne visible/infrared imaging spectrometer (AVIRIS) workshop. Pasadena, CA: Jet Propulsion Laboratory.

Hardin P J, Jensen R R. 2007. The effect of urban leaf area on summertime urban surface kinetic temperatures: A Terre Haute case study. Urban Forestry & Urban Greening, 6(2): 63-72.

Hu X, Weng Q. 2009. Estimating impervious surfaces from medium spatial resolution imagery using the self-organizing map and multi-layer perceptron neural networks. Remote Sensing of Environment, 113(10): 2089-2102.

Huang C, Townshend J R G. 2003. A stepwise regression tree for nonlinear approximation: Applications to estimating subpixel land cover. International Journal of Remote Sensing, 24(1): 75-90.

Imhoff M L, Zhang P, Wolfe R E, et al. 2010. Remote sensing of the urban heat island effect across biomes in the continental USA. Remote Sensing of Environment, 114(3): 504-513.

Ji M, Jensen J. 1999. Effectiveness of subpixel analysis in detecting and quantifying urban imperviousness from Landsat Thematic Mapper imagery. Geocarto International, 14(4): 33-41.

Kauth R J, Thomas G S. 1976. The tasselled cap: A graphic description of the spectral-temporal development of agricultural crops as seen by landsat// LARS Symposia. Proceedings of the symposium of machine processing of remotely sensed data. Indiana: The Laboratory for Applications of Remote Sensing, 44-51.

Kloka L, Zwartb S, Verhagena H, et al. 2012. The surface heat island of Rotterdam and its relationship with urban surface characteristics. Resources Conservation & Recycling, 64(7): 23-29.

Li J, Song C, Cao L, et al. 2011. Impacts of landscape structure on surface urban heat islands: A case study of Shanghai, China. Remote Sensing of Environment, 115(12): 3249-3263.

Li M, Zang S, Wu C, et al. 2014. Segmentation-based and rule-based spectral mixture analysis for estimating urban imperviousness. Advances in Space Research, 55(5): 1307-1315.

Liu D, Xia F. 2010. Assessing object-based classification: Advantages and limitations. Remote Sensing Letters, 1(4): 187-194.

Lohani V, Kibler D F, Chanat J. 2002. Constructing a problem solving environment tool for hydrologic assessment of land use change. JAWRA Journal of the American Water Resources Association, 38(2): 439-452.

Lu D, Weng Q. 2006. Use of impervious surface in urban land-use classification. Remote Sensing of Environment, 102(1): 146-160.

Lu D, Weng Q. 2007. A survey of image classification methods and techniques for improving classification performance. International Journal of Remote Sensing, 28(5): 823-870.

Madhavan B B, Kubo S, Kurisaki N, et al. 2001. Appraising the anatomy and spatial growth of the Bangkok Metropolitan area using a vegetation-impervious-soil model through remote sensing. International Journal of Remote Sensing, 22(5): 789-806.

Markham B L, Barker J L. 1986. Landsat MSS and TM post-calibration dynamic ranges, exoatmospheric reflectances and at-satellite temperatures. EOSAT Landsat Technical Notes, 1(1): 3-8.

McNeill J, Alves D, Arizpe L, et al. 1994. Toward a typology and regionalization of land-cover and land-use change: Report of working group B. Changes in Land Use and Land Cover: A Global Perspective, 4: 55.

Milesi C, Elvidge C D, Nemani R R, et al. 2003. Assessing the impact of urban land development on net primary productivity in the southeastern United States. Remote Sensing of Environment, 86(3): 401-410.

Mohapatra R, Wu C. 2010. High resolution impervious surface estimation: An integration of IKONOS and Landsat-7 ETM+ imagery. Photogrammetric Engineering and Remote Sensing, 76(12): 1329-1341.

Myint S W, Brazel A, Okin G, et al. 2010. Combined effects of impervious surface and vegetation cover on air temperature variations in a rapidly expanding desert city. Mapping Sciences & Remote Sensing, 47(3): 301-320.

Okwen R, Pu R, Cunningham J. 2011. Remote sensing of temperature variations around major power plants as point sources of heat. International Journal of Remote Sensing, 32(13): 3791-3805.

Phinn S, Stanford M, Scarth P, et al. 2002. Monitoring the composition of urban environments based on the vegetation-impervious surface-soil(VIS)model by subpixel analysis techniques. International Journal of Remote Sensing, 23(20): 4131-4153.

Pryor R J. 1968. Defining the rural-urban fringe. Social Forces, 47(2): 202-215.

Price J C. 1990. Using spatial context in satellite data to infer regional scale evapotranspiration. IEEE Transactions on Geoscience & Remote Sensing, 28(5): 940-948.

Pu R, Xu B, Gong P. 2003. Oakwood crown closure estimation by unmixing Landsat TM data. International Journal of Remote Sensing, 24(22): 4422-4445.

Pu R, Gong P, Michishita R, et al. 2008. Spectral mixture analysis for mapping abundance of urban surface components from the Terra/ASTER data. Remote Sensing of Environment, 112(3): 939-954.

Rashed T, Weeks J R, Roberts D, et al. 2003. Measuring the physical composition of urban morphology using multiple endmember spectral mixture models. Photogrammetric Engineering & Remote Sensing, 69(9): 1011-1020.

Rashed T, Weeks J R, Stow D, et al. 2005. Measuring temporal compositions of urban morphology through spectral mixture analysis: Toward a soft approach to change analysis in crowded cities. International Journal of Remote Sensing, 26(4): 699-718.

Rao P. 1972. Remote sensing of urban heat islands from an environmental satellite. Bulletin of the American Meteoro-logical Society, 53(4): 647-648.

Ridd M K. 1995. Exploring a VIS(vegetation-impervious surface-soil)model for urban ecosystem analysis through remote sensing: Comparative anatomy for cities. International Journal of Remote Sensing, 16(12): 2165-2185.

Riebsame W E, Meyer W B, Turner B L. 1994. Modeling land use and cover as part of global environmental change[J]. Climatic Change, 28(1-2): 45-64.

Roberts D A, Gardner M, Church R, et al. 1998. Mapping chaparral in the santa monica mountains using multiple endmember spectral mixture models. Remote Sensing of Environment, 65(3): 267-279.

Roberts D A, Quattrochi D A, Hulley G C, et al. 2012. Synergies between VSWIR and TIR data for the urban environment: An evaluation of the potential for the Hyperspectral Infrared Imager (HyspIRI) Decadal Survey mission. Remote Sensing of Environment, 117(2): 83-101.

Schueler T R. 1994. The importance of imperviousness. Watershed Protection Techniques, 1(3): 100-111.

Scientific Steering Committee and International Project Office of LUCC. 1999. Land-use and land-cover change (LUCC): Implementation strategy.

Setiawan H, Mathieu R, Thompson-Fawcett M. 2006. Assessing the applicability of the V-I-S model to map urban land use in the developing world: Case study of Yogyakarta, Indonesia. Computers Environment and Urban Systems, 30(4): 503-522.

Shanmugam P, Ahn Y H, Sanjeevi S. 2006. A comparison of the classification of wetland characteristics by linear spectral mixture modelling and traditional hard classifiers on multispectral remotely sensed imagery in southern India. Ecological Modelling, 194(4): 379-394.

Small C. 2001. Estimation of urban vegetation abundance by spectral mixture analysis. International Journal of Remote Sensing, 22(7): 1305-1334.

Smith M O, Ustin S L, Adams J B, et al. 1990. Vegetation in deserts: I. A regional measure of abundance from multispectral images. Remote Sensing of Environment, 31(1): 1-26.

Sobrino J A, Caselles V, Becker F. 1990. Significance of the remotely sensed thermal infrared measurements obtained over a citrus orchard. ISPRS Journal of Photogrammetry and Remote Sensing, 44(6): 343-354.

Sobrino J A, Raissouni N. 2000. Toward remote sensing methods for land cover dynamic monitoring: Application to Morocco. International Journal of Remote Sensing, 21(2): 353-366.

Sobrino J A, Raissouni N, Li Z L. 2001. A comparative study of land surface emissivity retrieval from NOAA data. Remote Sensing of Environment, 75(2): 256-266.

Sobrino J A, Jiménez-Muñoz J C, Paolini L. 2004. Land surface temperature retrieval from LANDSAT TM 5. Remote Sensing of Environment, 90(4): 434-440.

Tang J, Wang L, Myint S W. 2007. Improving urban classification through fuzzy supervised classification and spectral mixture analysis. International Journal of Remote Sensing, 28(18): 4047-4063.

Todd S W, Hoffer R M. 1998. Responses of spectral indices to variations in vegetation cover and soil background. Photogrammetric Engineering & Remote Sensing, 64(9): 915-921.

Turner II B L, Skole D, Sanderson S, et al. 1995. Land-use and land-cover change: Science/research plan. IGBP Report No. 35 and HDP Report No. 7.

Wang S Y, Chi G B, Jing C X, et al. 2003. Trends in road traffic crashes and associated injury and fatality in the People's Republic of China, 1951–1999. Injury Control and Safety Promotion, 10(1-2): 83-87.

Ward D, Phinn S R, Murray A T. 2000. Monitoring growth in rapidly urbanizing areas using remotely sensed data. Professional Geographer, 52(3): 371-386.

Weaver D B, Lawton L J. 2001. Resident perceptions in the urban-rural fringe. Annals of Tourism Research, 28(2): 439-458.

Weng Q, Lu D, Liang B. 2006. Urban surface biophysical descriptors and land surface temperature variations. Photogrammetric Engineering & Remote Sensing, 72(11): 1275-1286.

Weng Q, Liu H, Lu D. 2007. Assessing the effects of land use and land cover patterns on thermal conditions using landscape metrics in city of Indianapolis, United States. Urban Ecosystems, 10(2): 203-219.

Weng Q, Lu D. 2008. A sub-pixel analysis of urbanization effect on land surface temperature and its interplay with impervious surface and vegetation coverage in Indianapolis, United States. International Journal of Applied Earth Observation & Geoinformation, 10(1): 68-83.

Woodcock C E, Gopal S. 2000. Fuzzy set theory and thematic maps: Accuracy assessment and area estimation. International Journal of Geographical Information Science, 14(2): 153-172.

Wu C. 2004. Normalized spectral mixture analysis for monitoring urban composition using ETM+ imagery. Remote Sensing of Environment, 93(4): 480-492.

Wu C, Murray A T. 2003. Estimating impervious surface distribution by spectral mixture analysis. Remote Sensing of Environment, 84(4): 493-505.

Xian G. 2008. Satellite remotely-sensed land surface parameters and their climatic effects for three metropolitan regions. Advances in Space Research, 41(11): 1861-1869.

Xian G, Crane M. 2005. Assessments of urban growth in the Tampa Bay watershed using remote sensing data. Remote Sensing of Environment, 97(2): 203-215.

Xian G, Crane M. 2006. An analysis of urban thermal characteristics and associated land cover in Tampa Bay and Las Vegas using Landsat satellite data. Remote Sensing of Environment, 104(2): 147-156.

Xian G, Crane M, Su J. 2007. An analysis of urban development and its environmental impact on the Tampa Bay watershed. Journal of Environmental Management, 85(4): 965-976.

Xin C, Onishi A, Chen J, et al. 2010. Quantifying the cool island intensity of urban parks using ASTER and IKONOS data. Landscape & Urban Planning, 96(4): 224-231.

Yang F, Matsushita B, Fukushima T. 2010. A pre-screened and normalized multiple endmember spectral mixture analysis for mapping impervious surface area in Lake Kasumigaura Basin, Japan. ISPRS Journal of Photogrammetry and Remote Sensing, 65(5): 479-490.

Yang L, Huang C, Homer C G, et al. 2003a. An approach for mapping large-area impervious surfaces: Synergistic use of Landsat-7 ETM+ and high spatial resolution imagery. Canadian Journal of Remote Sensing, 29(2): 230-240.

Yang L, Xian G, Klaver J M, et al. 2003b. Urban land-cover change detection through sub-pixel imperviousness mapping using remotely sensed data. Photogrammetric Engineering & Remote Sensing, 69(9): 1003-1010.

Yuan F, Bauer M E. 2007. Comparison of impervious surface area and normalized difference vegetation index as indicators of surface urban heat island effects in Landsat imagery. Remote Sensing of Environment, 106(3): 375-386.

Zhang J, Foody G M. 1998. A fuzzy classification of sub-urban land cover from remotely sensed imagery. International Journal of Remote Sensing, 19(14): 2721-2738.

Zhang J, Rivard B, Sanchez-Azofeifa A. 2004. Derivative spectral unmixing of hyperspectral data applied to mixtures of lichen and rock. IEEE Transaction on Geoscience & Remote Sensing, 42(9): 1934-1940.

Zhang J, He C, Zhou Y, et al. 2014. Prior-knowledge-based spectral mixture analysis for impervious surface mapping. International Journal of Applied Earth Observation & Geoinformation, 28(5): 201-210.

Zheng B, Myint S W, Fan C. 2014. Spatial configuration of anthropogenic land cover impacts on urban warming. Landscape & Urban Planning, 130(1): 104-111.

彩　　图

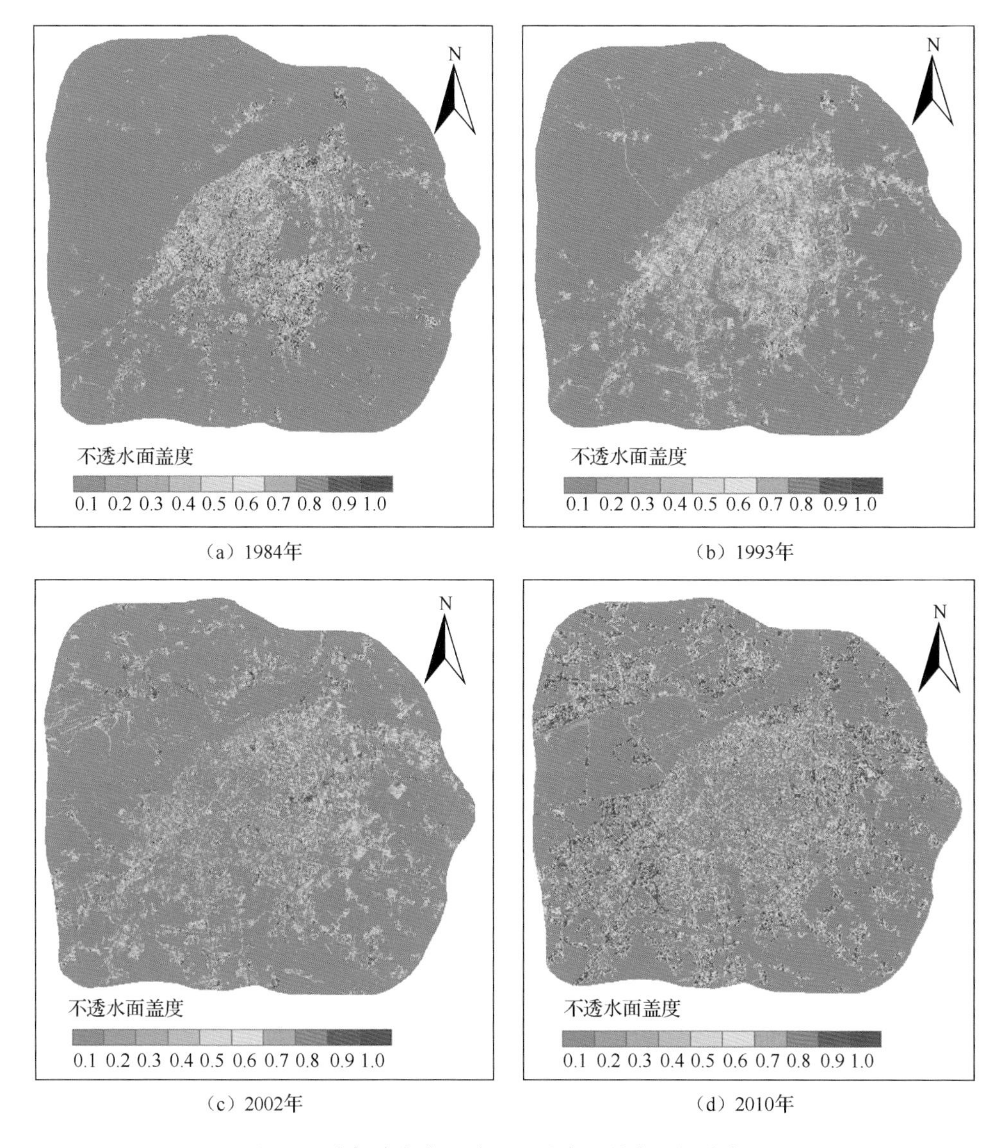

（a）1984年　（b）1993年　（c）2002年　（d）2010年

图 4-1　哈尔滨市中心城区不透水面盖度空间分布图

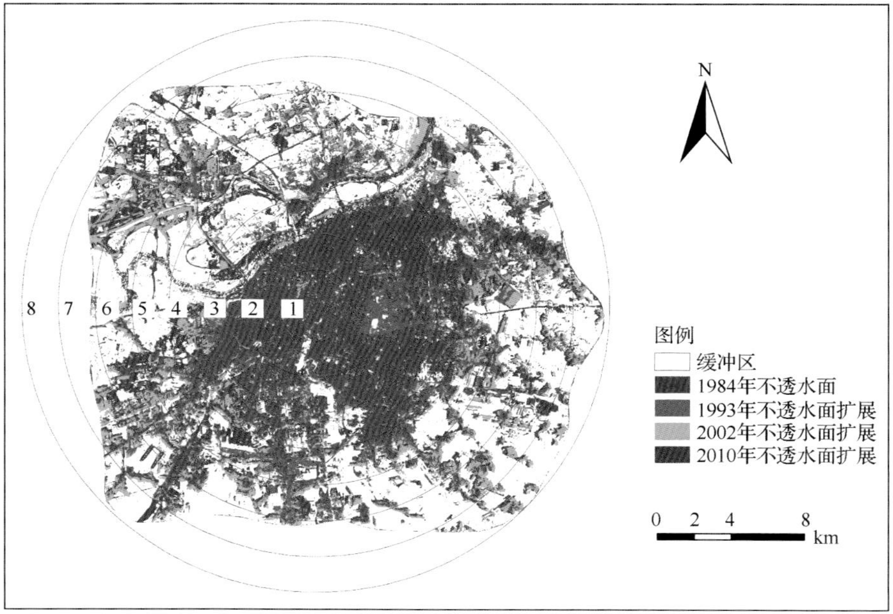

图 4-5　中心城区不透水面扩展缓冲区图

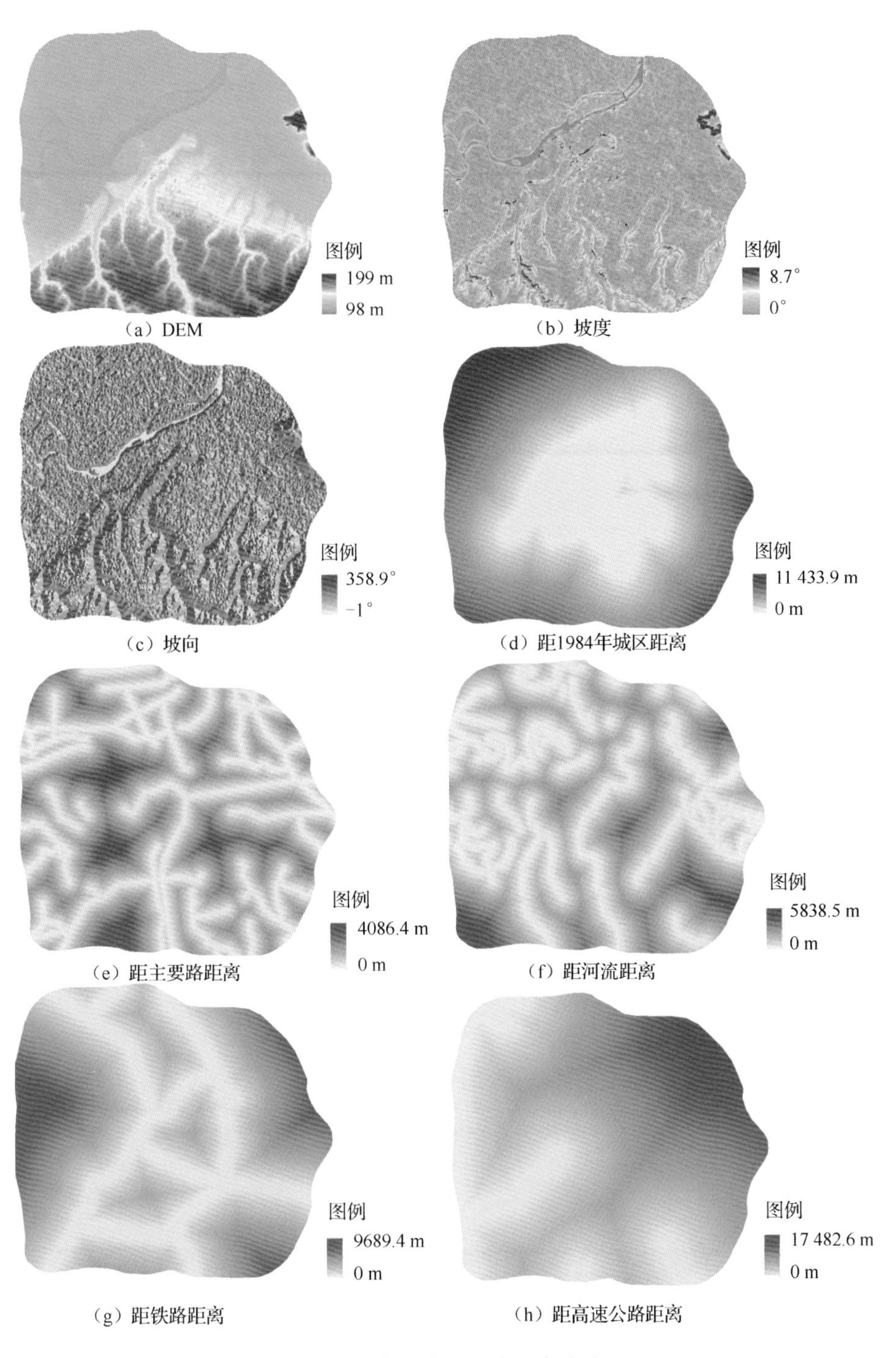

图 5-1　中心城区 8 种驱动因子

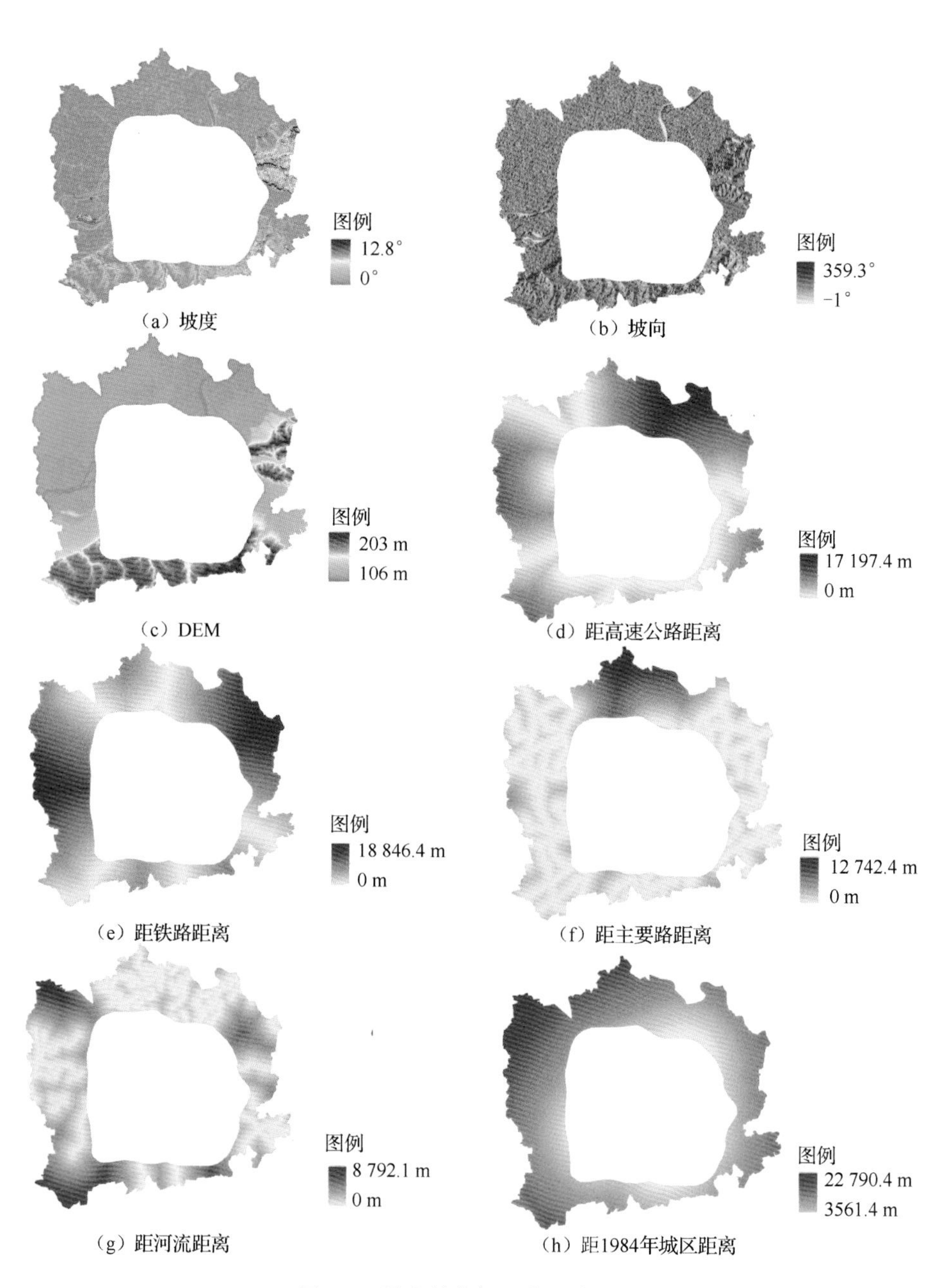

图 5-3　城乡结合部 8 种驱动因子

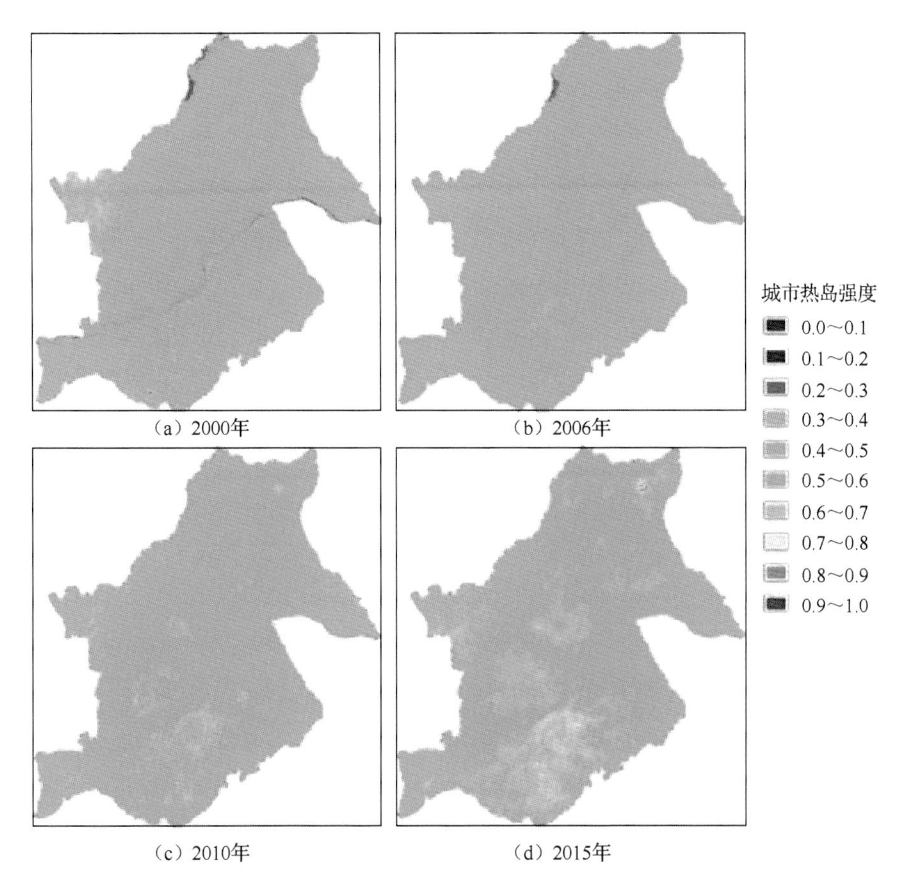

图 6-9　2000 年、2006 年、2010 年、2015 年热岛强度分布图

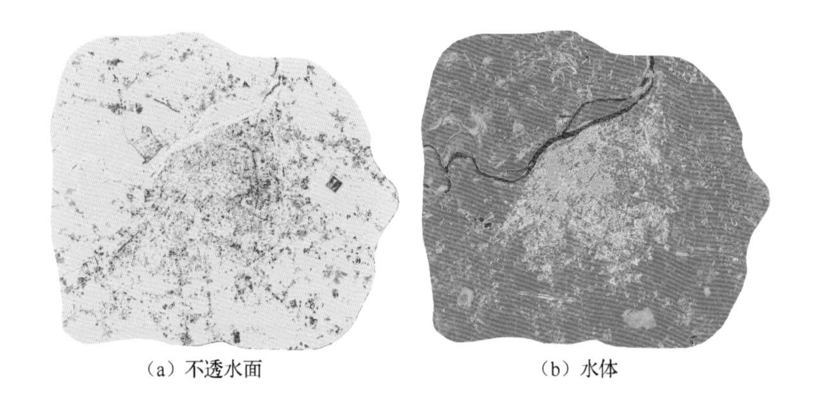

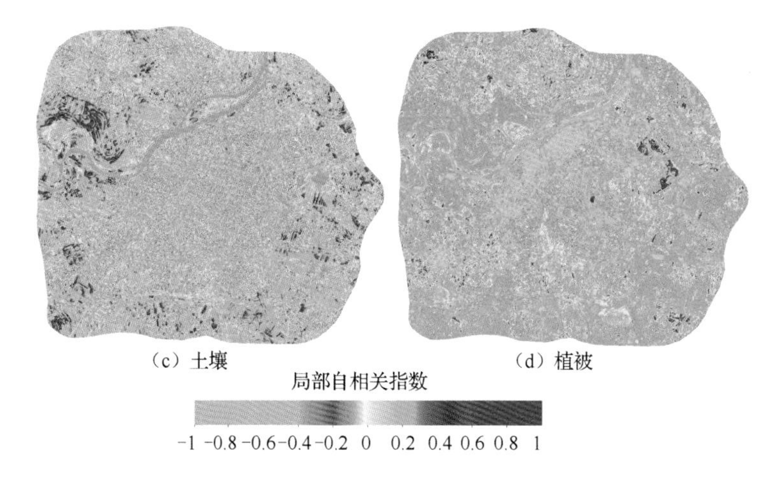

图 6-29　2000 年各地表组成局部自相关指数分布特征图

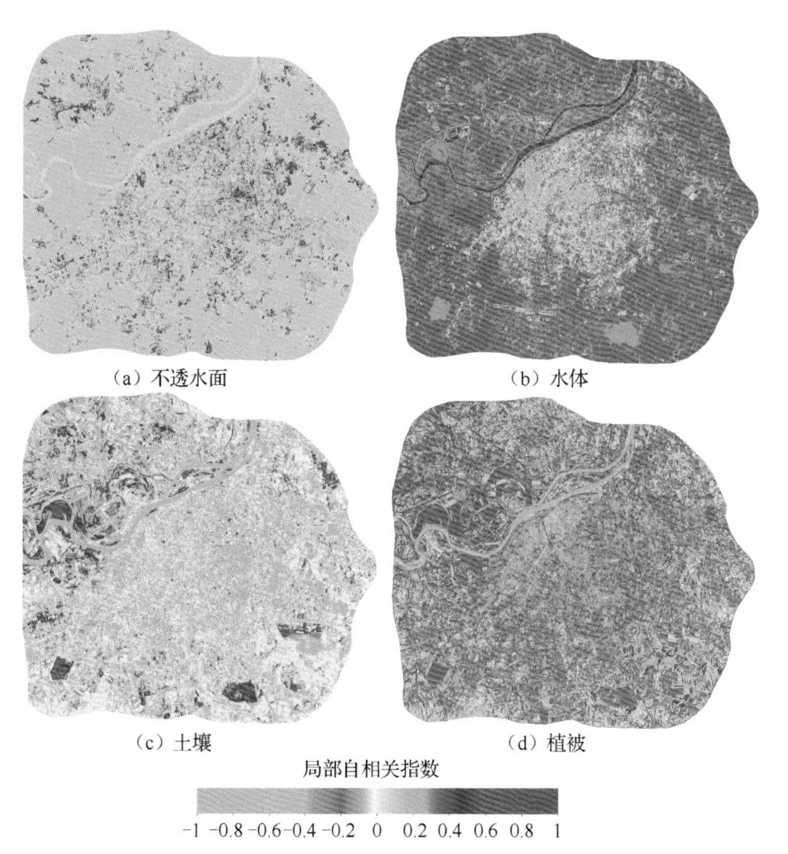

图 6-30　2006 年各地表组成局部自相关指数分布特征图

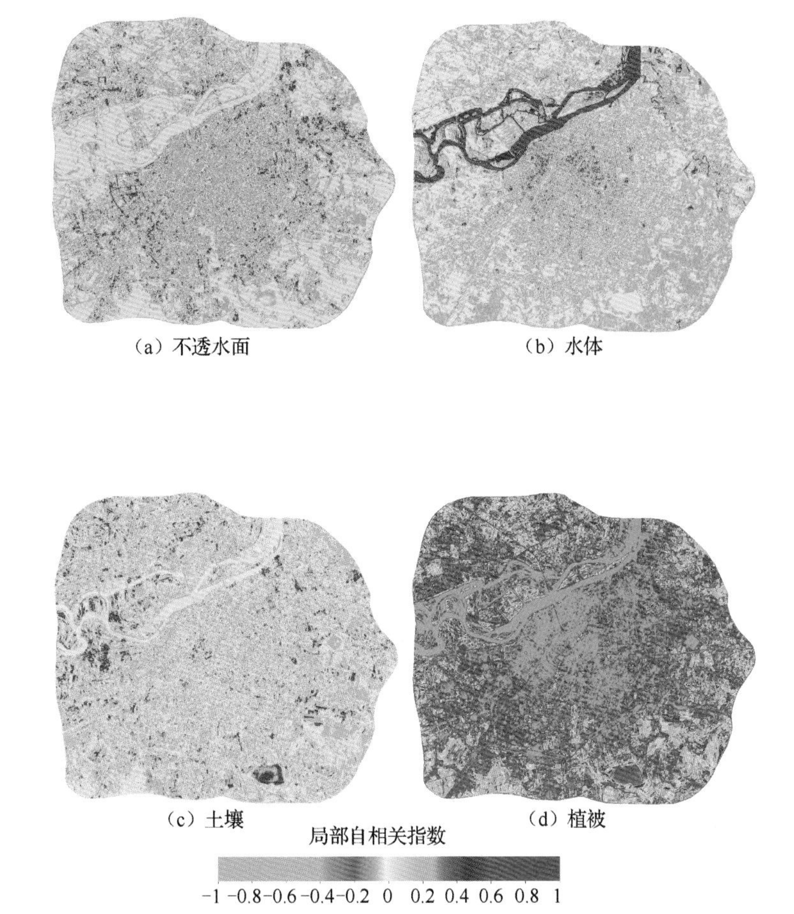

图 6-31　2010 年各地表组成局部自相关指数分布特征图

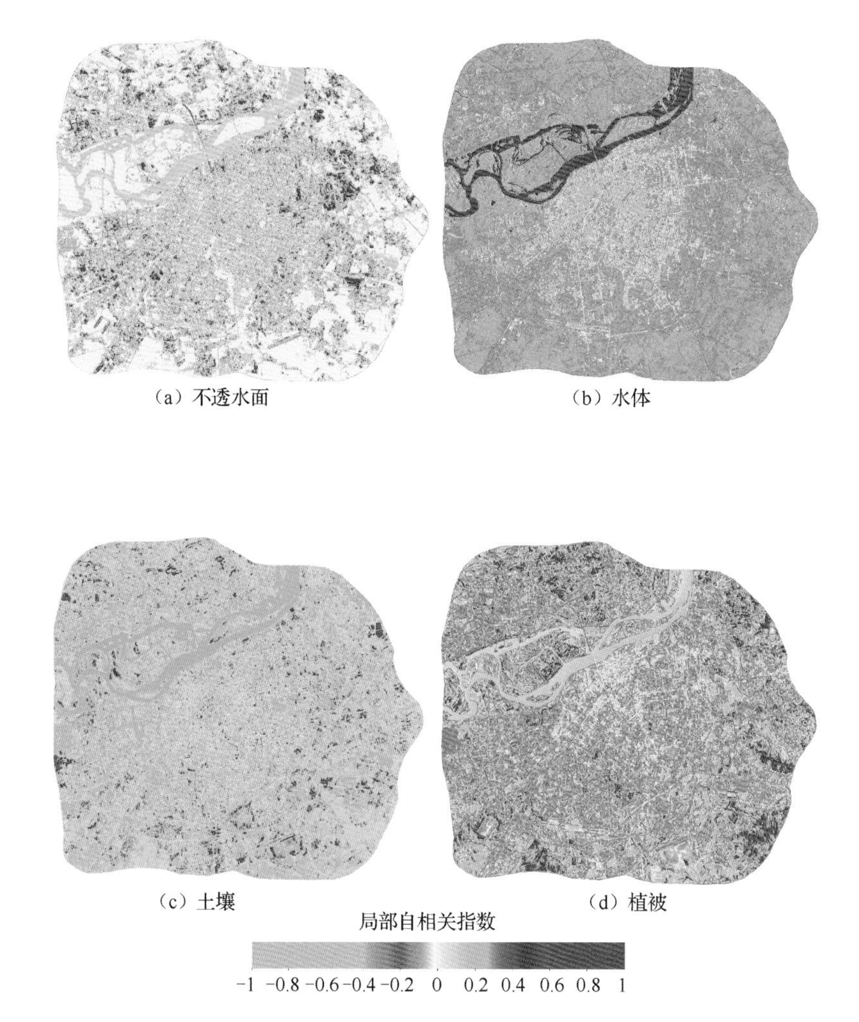

图 6-32　2015 年各地表组成局部自相关指数分布特征图